天工 大匠

样式雷笔下的皇家园林

陈红彦 主编

U0246798

北京大学出版社
PEKING UNIVERSITY PRESS

图书在版编目（CIP）数据

大匠天工：样式雷笔下的皇家园林 / 陈红彦主编. 北京：北京大学出版社，2025.1.——（典籍掌故丛书）.——ISBN 978-7-301-35679-1

Ⅰ. TU986.62

中国国家版本馆CIP数据核字第2024XD3248号

书　　　名	大匠天工：样式雷笔下的皇家园林	
	DAJIANG TIANGONG: YANGSHILEI BIXIA DE HUANGJIA YUANLIN	
著作责任者	陈红彦　主编	
策 划 统 筹	马辛民	
责 任 编 辑	方哲君	
标 准 书 号	ISBN 978-7-301-35679-1	
出 版 发 行	北京大学出版社	
地　　　址	北京市海淀区成府路205号　100871	
网　　　址	http://www.pup.cn　　新浪微博：@北京大学出版社	
电 子 邮 箱	编辑部 dj@pup.cn　总编室 zpup@pup.cn	
电　　　话	邮购部 010-62752015　发行部 010-62750672	
	编辑部 010-62756694	
印 刷 者	北京宏伟双华印刷有限公司	
经 销 者	新华书店	
	787毫米×1092毫米　16开本　13.25印张　216千字	
	2025年1月第1版　2025年1月第1次印刷	
定　　　价	88.00元	

主　编

陈红彦

副主编

谢冬荣　萨仁高娃　刘　波　林世田

本册执行主编

白鸿叶

本册撰稿人
（按姓氏拼音排序）

白鸿叶　成二丽　任昳霏　翁莹芳　易弘扬

目 录

静明园

颐和园

西　苑

南　苑

西郊赐园

前　言

　　"一家样式雷，半部建筑史"，样式雷是享誉世界的传奇建筑世家。自清康熙年间开始，直至民国初年的二百余年间，雷氏家族共有八代十余人主持皇家的各类建筑工程，负责建筑设计和图样绘制等。由于供职于皇家建筑机构"样式房"，故称"样式雷"。他们的家族技艺代代相传，在传承中不断探索和创新，设计建造了大量不朽的皇家建筑，为中国传统建筑艺术、工艺美术的发展作出了突出贡献，今天留存的样式雷建筑图档就是记录清代皇家建筑的最珍贵的史料。

　　中国古代园林建筑历史悠久，自成体系，无论从表现形式还是从设计理念上看，均与世界其他文明的园林建筑有所不同。明清时期，中国古典园林的营建达到高峰，而北京的宫廷园林在皇家的不断推动下，得到了长足发展。这一时期，建筑师们在充分实现居住功能和游赏功能、合理设计空间布局之外，更将中国传统文化的丰富内涵注入设计中，从方方面面传达出政治理念、哲学精神。可以说，这一时期的园林营建广泛吸取了各个地区、各个时代的园林营建之所长，是一个"集大成"的历史时期。除此之外，清代的园林营造建制完善，形成了系统的工程官员管理制度和建筑设计方法。样式雷家族作为清代皇家工匠，深度参与了大量清代宫廷园林的选址、勘探、设计、建造、维护等工程，留下了大量文档、图样、烫样等资料。

　　本书主要介绍了中国国家图书馆藏畅春园、圆明园、静宜园、静明园、颐和园、西苑、南苑、西郊赐园的样式雷图档，这些园林分布在北京的西郊或南郊，大多始建于清代康熙、雍正、乾隆时期，也有些始建于元代、明代，在之后的历史发展中又陆续得到修缮和改建，形成了北京西郊、南郊建筑群。它们的功能各有侧重：圆明园、颐和园等地为帝王办公、休闲之所，因此这些园林规模宏大，内部设施一应俱全；南苑则是元、明、清三代的皇家猎场，因此有大片湖泊沼泽，聚集了大量飞禽走兽。今天，有些园林已经毁于战火，如圆明园曾经是集古今中外园林艺术之大成的大型园林，却在英法联军侵华期间被焚烧，成为我们永远的历史伤痛；有些则一直留存，如颐和园今天已经成为市民休闲的胜地，游人络绎不绝，在此获得美的享受，聆听历史的回响。国家图书馆藏样式雷园林图档记录了这些园林从机构设置、选址勘测、规划设计、工程施工到建筑技艺等诸多信息，可以说，不论是对于已经消失在历史烟尘中的园林的复原和研究，还是对于仍然留存的园林的深度探索和保护，样式雷园林图档都是非常宝贵的资源。

就历史意义而言，样式雷园林图档的史料价值毋庸赘述，它是我们了解清代园林营建的第一手资料，集中反映了中国清代建筑师卓越的建筑水平和建筑智慧，也反映了中国传统园林营建的人文关怀和文化特色。在中国传统园林建筑、传统工程学、传统生态美学等领域，这些图档都有巨大的史料价值：一些是了解园林原始建筑的珍贵资料，例如圆明园被焚毁前以及清漪园时期的图档，为我们探究圆明园等珍贵园林原貌提供了重要依据；一些是反映园林重修计划和景点变化的重要资料，例如同治时期重修圆明园和光绪十年（1884）重建颐和园的图档，为园林景点的维修恢复提供了切实可靠的历史依据。此外，由于涉及面非常广，样式雷园林图档还为我们探究清代皇家和社会的生活情况提供了重要的文献参考，例如清朝末年西方科学技术进入中国，颐和园排云殿和乐寿堂便装上了电灯，样式雷相关图档则反映了这一情况。

就现实意义而言，样式雷园林图档展现了中国古代园林营建领域的中国智慧、中国价值。中国古典园林营建已有三千多年的历史，在清代更是达到巅峰，这些园林是中国古典文化之美的集中呈现，也是世界园林艺术的瑰宝。中国的园林营建讲究"虽由人作，宛自天开"，重视天、地、人之一体和谐，在整体的风格上重视将建筑工艺与雕刻、诗词、书画等融会贯通，同时充分考虑地理环境和季节变换，追求因地制宜和"四时皆有景"。而样式雷园林图档为我们全方位、多角度地揭开了相关园林从选址到营建的方方面面，对于我们挖掘、弘扬中国古典园林文化有重要意义。样式雷在世界建筑领域也备受推崇，并成功入选"世界记忆名录"，说明它的魅力是跨越时空、超越国界的，这对于当代中国树立文化自信、弘扬传统工匠精神有着示范性意义。因此，对于中华民族这些伟大的建筑成就，我们不应仅仅停留于发现和保护，更应该积极传承和接续，在具体的实践中探索传统文化遗产的创造性转化、创新性发展，让样式雷图档所反映的宝贵文化遗产在当代建筑学领域"活起来"，探索传统园林建筑的建筑设计、建筑理念、人居关系对于当代园林建筑的启示，在园林建筑领域弘扬中国价值，倡导中国方案。

1930年，在中国营造学社朱启钤先生的建议之下，北平图书馆（即今中国国家图书馆）从东观音寺雷宅购得大量样式雷家藏图档，此后又多方奔走、陆续购藏，最终令国家图书馆成为样式雷图档收藏最丰富的机构，所藏图档共计约一万五千件，约占目前存世总量的四分之三。样式雷图档入藏国图之后，便被列为专藏，予以专门的整理、保护与修复。在长期的工作中，国家图书馆古籍馆培养了一批专业研究人员，他们在样式雷图档的整理过程中，不断将这一专题文献与其他相关文献进行关联，挖掘了许多与样式雷图档相关的史料，并以各种方式向全社会开展样式雷图档的推介活动。本书集结了古籍馆馆员关于样式雷园林图档的研究成果，深入揭示了样式雷图档的价值，希望可以吸引更多人关注样式雷、了解样式雷。

畅春园

白鸿叶

畅春园位于海淀镇西北，是清代在北京西郊修建的第一座大型离宫御苑。清代多位帝王在此上朝理政，使得海淀一带成为紫禁城外又一个政治活动中心，对清代历史产生过重要的影响。从这座康熙帝"避喧听政"的御园开始，在邻近又陆续修建了圆明园、香山静宜园、玉泉山静明园、万寿山清漪园，横跨数十里的皇家园林就此建成，统称为"三山五园"。

畅春园在乾隆朝之后一直闲置，自嘉庆朝开始逐渐荒废，仅有个别寺庙仍保留原有功能，园林建筑被不断拆去，木料挪为他用。至1860年被英法联军焚毁之前，畅春园已彻底沦为废园。现存图档数量不多且多绘于道光、咸丰两朝，内容涉及踏勘丈尺、装修略节等。

一、畅春园概况

（一）选址

"水所聚曰淀"，北京城西郊的海淀地处永定河洪积扇下缘，水源丰富，地势低洼，往往平地出泉，汇成湖泊，远可望层峦叠嶂的西山，近可见大大小小的湖泊池沼，山水衬映，具有江南的山水景观，是营建行宫别苑的上佳之地。明万历年间，米万钟在此建造了一座园林，名曰"勺园"，取"海淀一勺"之意。万历皇帝的外祖父武清侯李伟修建了"清华园"，取"水木清华"之意，与"勺园"隔路相望。

康熙中叶，社会稳定，经济繁荣。康熙皇帝勤政爱民，六度下江南巡视，了解社会民情。在首次南巡中，康熙帝惊叹于江南优美的景致，动了移景入京的念头。于是，他下令在明代李伟清华园旧址上建造一座皇家园林，作为"避喧听政"之所。

康熙二十六年（1687），鸿工告竣，康熙帝正式命名该园为"畅春园"，从而开启了清代帝王居园理政的模式。

康熙帝选择在清华园旧址修建畅春园，最主要的原因是此地的自然山水条件优越。清华园位于巴沟低地，南侧有众多泉水涌出，形成几处小湖。修建清华园时，又从西侧的玉泉山水系引水，形成了水源充沛的湖泊，成为畅春园的供水来源。再者，在旧园基础上修建，大大节省了人力、物力、财力，也体现了康熙帝勤政爱民的仁君之心。

（二）畅春园与样式雷家族

国家图书馆收藏的《雷金玉墓碑》拓片提及，在畅春园正殿九经三事殿的上梁仪式上，雷金玉身手不凡、技艺超群，使得上梁顺利完成，因此得到皇帝的亲自召见和问询。雷金玉在奏对之间，更是赢得皇帝器重，被钦赐内务府总理钦工处要职，赏七品官、食七品俸。

雷金玉，字良生，生于顺治十六年（1659），是雷发达的长子。雷金玉随父亲一同进京后，起先作为国学生在国子监读书，随后顺利通过考试并取得州同衔，听候补缺。不久之后，他同父亲一道参加了皇家宫苑的建造。雷发达解役后，雷金玉接替父亲领取了楠木作工程。雷金玉真正开创了雷家世代执掌样式房、主持皇家建筑设计事务的事业。

（三）景观概貌

畅春园大宫门五楹，坐北朝南，御园四周修建了高高的虎皮石围墙，园内建筑分中东西三路。中路建筑从南往北分别为九经三事殿、春晖堂、寿萱春永殿、延爽楼，九经三事殿之西为闲邪存诚和韵松轩。东路建筑为澹宁居、渊鉴斋、佩文斋、清溪书屋、道和堂、藻思楼、恩佑寺和恩慕寺。西路建筑有无逸斋、蕊珠院、纯约堂和集凤轩。康熙帝在园中起居理政、孝养慈母，度过了三十余年的时光，康熙六十一年（1722）驾崩于清溪书屋。乾隆三年（1738），乾隆帝将修整后的畅春园钦定为"皇太后高年颐养之地"。乾隆四十二年（1777），孝圣宪皇后去世，乾隆帝仍将畅春园定为"皇太后园"，并令子孙后代都不得更改。但是嘉庆年间不再有皇太后，所以畅春园只好闲置，后逐渐废弃。

西花园是畅春园的附属园，位于畅春园西墙外，是一座水景园，由几座小岛组成，其主要建筑有讨源书屋、承露轩、松室、龙王庙，花园南部荷花池畔建有南、东、中、西四所。西花园的正门为南宫门，门前为通向畅春园大宫门的大道。有关西花园的具体建设年代，官书和私家著作都没有记载。西花园建成后，成为皇太子和其他皇子居住与读书的地方。每当康熙帝驻跸畅春园时，皇太子和其他皇子即随父住到西花园。乾隆年间，畅春园作为奉养其生母孝圣皇太后的御苑，乾隆皇帝经常去畅春园向皇太后请安，请安后经常到西花园讨源书屋，并著诗记录。从乾隆七年（1742）第一首关于讨源书屋的诗到乾隆四十一年五月最后一首关于讨源书屋的诗《夏日讨源书屋》，乾隆皇帝共作有70首关于讨源书屋的诗。乾隆四十二年，随着乾隆生母去世，西花园与畅春园一同闲置，逐渐衰落废弃了。

二、畅春园样式雷图档

（一）畅春园建筑图纸

畅春园样式雷图纸多为建筑平样和地盘图，主要涉及春晖堂、清溪书屋、观澜榭、疏峰、无逸斋几个组群。目前国图收藏的样式雷图档中没有完全展现畅春园内容的全图，只有一件图档可辨别出畅春园东南侧宫殿区的轮廓。该图实际为挖河尺寸粗底，图中标注长宽尺寸、陆地高程。根据水陆布局可判断所绘内容为畅春园南部，算是局部图。

还有一件春晖堂平样糙底，图中绘有组群布局、围墙以及门窗位置，标有开间及进深尺寸，主殿位置标有"春晖堂"字样。清溪书屋、观澜榭、疏峰三者图档形式相似，均有一张糙底和一张细底。糙底和细底所绘内容几无差异，只是将数据和图样整理重绘。图中绘出了组群的建筑布局，标出柱高、开间、进深等数据，贴签标注各建筑名称，并标出各个单体的屋顶形式，应为勘察丈尺图。观澜榭和疏峰另各有一张黄底色绘地盘图，图中除画出建筑布局外，还将周围山石和水系，以及内檐装修一并画出，贴签标注房间总数，无尺寸信息。

色绘地盘图中的建筑组群更为完整。《畅春园北路观澜榭地盘画样》（图1）中，西侧和北侧值房呈"L"形相连，共计23间。而《观澜榭蔚秀涵清地盘样》（图2）和《蔚秀涵清等地盘糙底》（图3）中，西侧和北侧值房分成两段建筑，仅剩余13间；

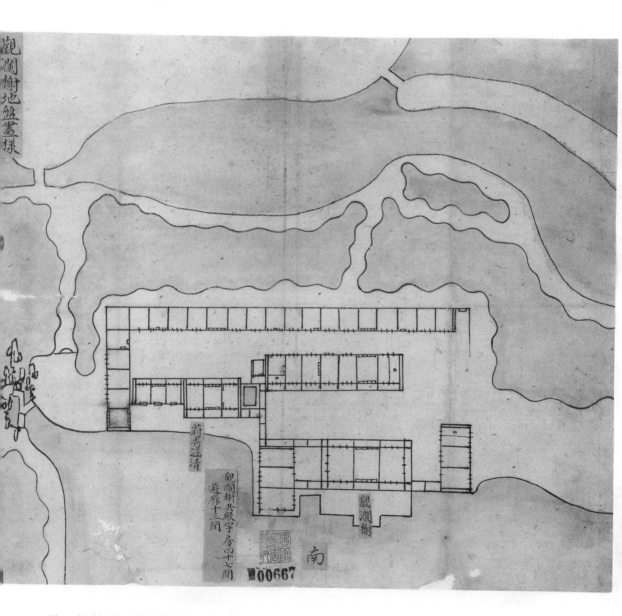

图1　畅春园北路观澜榭地盘画样

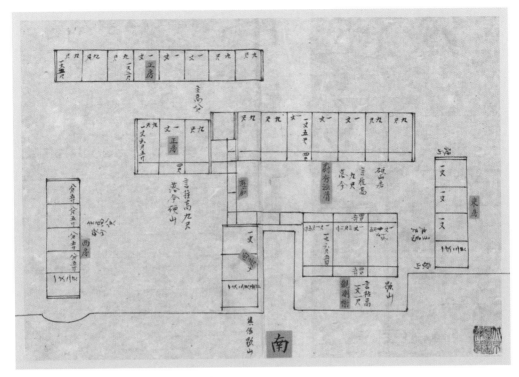

图2　观澜榭蔚秀涵清地盘样

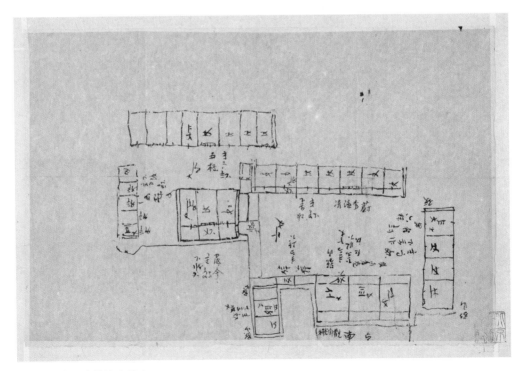

图3　蔚秀涵清等地盘糙底

《疏峰地盘画样》（图4）中共有殿宇房28间，游廊7间，与周边山石环境关系和谐。

而《疏峰正房西房地盘样》（图5）和《疏峰正房西房地盘糙底》（图6）所示的疏峰

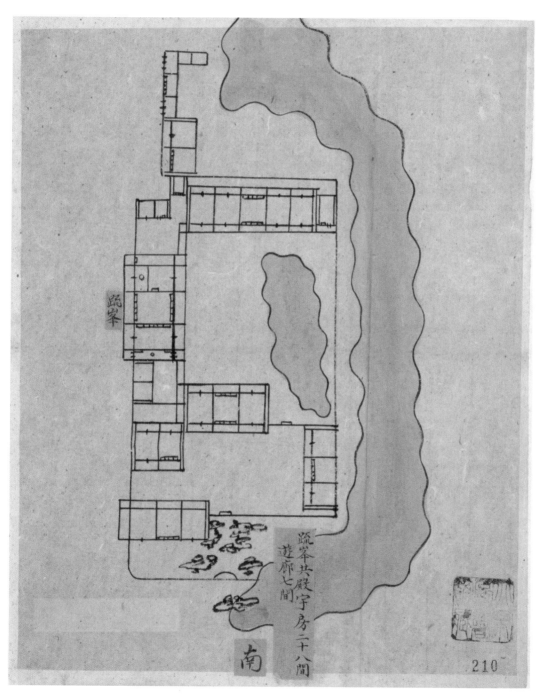

图4　疏峰地盘画样

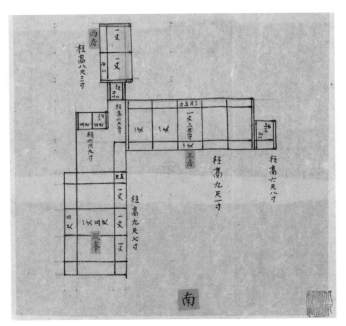

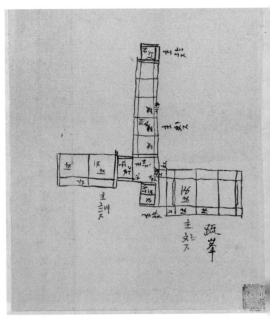

图5　疏峰正房西房地盘样　　　　　　　　　图6　疏峰正房西房地盘糙底

组群中仅有北半部分建筑留存，共计殿宇16间。据《总管内务府畅春园现行则例》记载："（道光）三年（1823）十一月呈准，将园内澹宁居、疏峰、观澜榭、大西门并已拆去……"因此观澜榭和疏峰图样均应绘于道光三年之前，而色绘地盘图的年代则应更早。

《无逸斋地盘全图》（图7）是地盘图，原无题名，根据图中山石和水体形态，以及贴签上的文字，如"无逸斋宫门""松皇深处殿""对清荫殿"等建筑名称推断，应为无逸斋地盘图。图中贴签有深浅区别：浅色签贴于外部，注明建筑间数、面阔、进深、柱高等尺寸；深色贴签则直接贴在建筑地盘内，注明拆除后的用途。无逸斋内计大小房63间，游廊66间，垂花门一座，全部被拆除，抵料修建固伦公主园寝享殿、看守房、茶饭房、宫门及和硕公主园寝享殿、宫门。

图中没有提及二位公主的具体封号，但无逸斋拆于嘉庆朝，据年代推断，可能为嘉庆皇帝的三女庄敬和硕公主（1781—1811）和四女庄静固伦公主（1784—1811）。两位公主均逝世于嘉庆十六年（1811），葬于燕家村，即今北京市海淀区复兴门外。

图8为《寿萱春永后殿碧纱橱扇立样》，绘制精美，纹饰清晰。图右侧标注尺

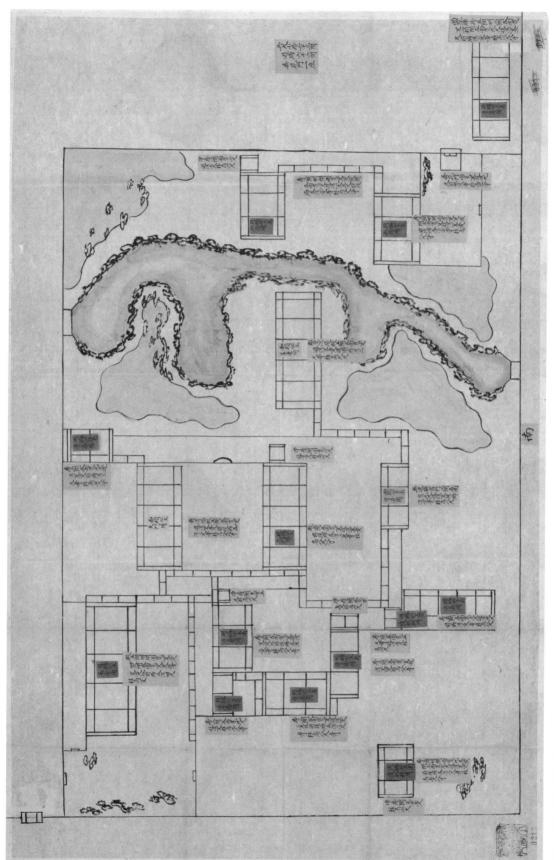

图7 无逸斋地盘全图

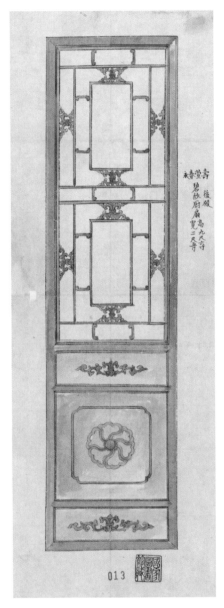

图8 寿萱春永后殿碧纱橱扇

寸，有"寿萱春永后殿碧纱橱扇，高九尺六寸，宽二尺五寸"字样。

（二）畅春园建筑文档

畅春园样式雷档案主要为畅春园清溪书屋装修物件数目略节、清溪书屋等抵安装修物件数目略节、畅春园清溪书屋装修略节，以及清溪书屋和道和堂内檐装修尺寸糙底。

目前国图收藏的关于畅春园的文档有9件，其中有7件是关于畅春园清溪书屋和道和堂内檐装修的。其中一件题名为《畅春园查来清溪书屋道和堂内檐装修尺寸底》（图9），是糙底，内容为畅春园清溪书屋和道和堂两处各种装修尺寸，书写较为潦草，夹杂装修立样草图，应当是现场踏勘时的记录。图10两件文档的内容一样，原无题名，拟作《畅春园清溪书屋道和堂内檐装修抵用略节》，文字内容为："畅春园清溪书屋道和堂内檐装修抵在含芳园。各座抵安……共抵用装修八槽，除

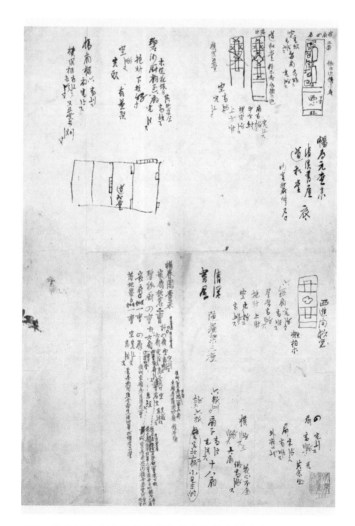

图9　畅春园查来清溪书屋道和堂内檐装修尺寸底

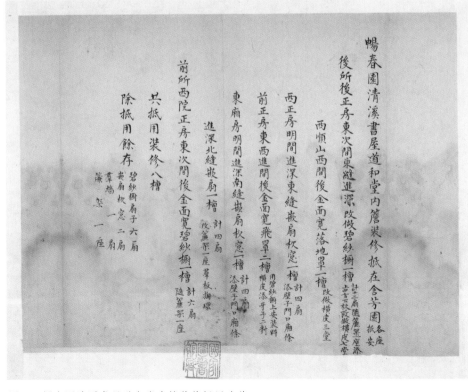

图10 畅春园清溪书屋道和堂内檐装修抵用略节

畅春园清溪书屋並道和堂共查得

碧紗橱四槽

落地罩一槽 計二十四扇

嵌扇坎窓二槽

嵌扇一槽

床三分

泉宗廟各座共查得

落地罩十三槽

飛罩二槽

嵌扇三槽

欄杆罩四槽

坎窓一槽

嵌扇坎窓一槽

共計二十八槽

二共計三十六槽内

拆改成做得裝修四十四槽

應添做裝修五槽内

以上共計添做改做裝修四十九槽

床十四分 現查三分

添做十一分

畅春园清溪书屋並道和堂共查得

碧紗橱四槽 計廿八扇

落地罩一槽 床三分

嵌扇坎窓二槽

嵌扇 一槽

泉宗廟各座共查得

落地罩 十三槽

碧紗橱 四槽

飛罩 二槽

嵌扇 三槽

欄杆罩 四槽

坎窓 一槽

嵌扇坎窓 一槽

共計廿八槽

二共計卅六槽内

拆改成做得裝修四十四槽

應添做裝修五槽内

欄杆罩一槽

飛罩 四槽

以上共計添做改做裝修四十九槽

床十四分 現查三分

添做十一分

图11 畅春园清溪书屋并道和堂泉宗庙添做改做装修略节

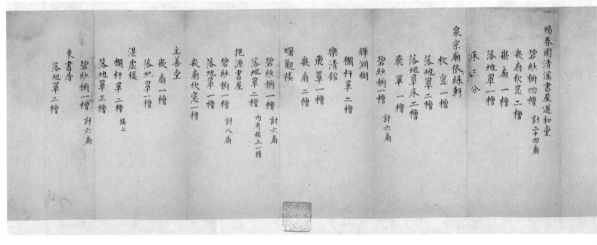

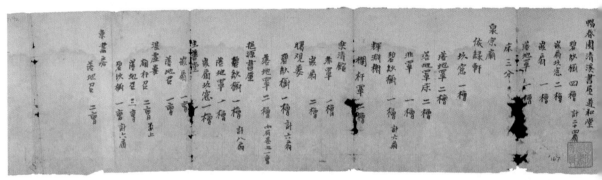

图12　畅春园清溪书屋道和堂泉宗庙内檐装修数目略节

抵用余存……"，系畅春园装修抵用在含芳园的清单。图11两件文档的内容也一样，原无题名，拟题为《畅春园清溪书屋并道和堂泉宗庙添做改做装修略节》，文字内容为："畅春园清溪书屋并道和堂共查得碧纱橱……泉宗庙各座共查得落地罩……以上共计添做改做装修四十九槽，床十四分，现查三分，添做十一分。"图12两件文档的内容同样一致，原无题名，拟作《畅春园清溪书屋道和堂泉宗庙内檐装修数目略节》，文字内容为："畅春园清溪书屋道和堂计二十四扇……泉宗庙依绿轩……辉渊榭……湛虚楼……东书房落地罩二槽。"

以上文字档案与图样《泉宗庙复查准底》（图13）可相互印证。图中画出泉宗庙中主善堂、曙观楼、东书房、挹源书屋、湛虚楼、乐清馆、辉渊榭、依绿轩等各座建筑的平面及装修，并标出抵用在含芳园的具体位置。咸丰七年（1857）前后对泉宗庙现存建筑进行清查，部分建筑坍塌，直接拆去，所余木料抵用在圆明园。内务

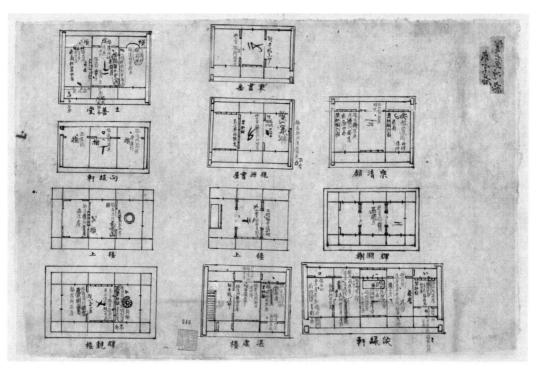

a

b

图13 泉宗庙复查准底（a.正面；b.反面）

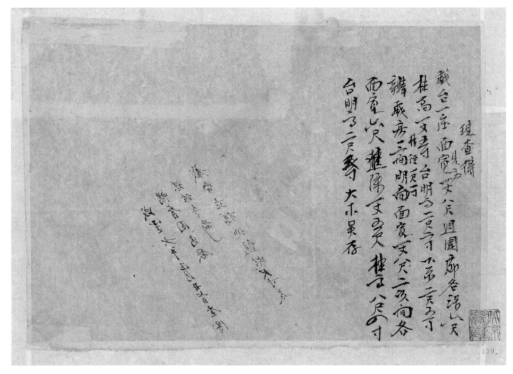

图14　畅春园马厂慈佑寺前戏台立样地盘糙尺寸底略节

府派样式雷修缮含芳园时，也曾拆卸泉宗庙和畅春园内檐抵用。由此可见，泉宗庙和畅春园已经彻底停止使用，不再计划修缮了。

图14为《畅春园马厂慈佑寺前戏台立样地盘糙尺寸底略节》，时间为咸丰六年（1856）正月廿七日，文字内容为："现查得戏台一座，面宽一丈八尺，周围廊各深六尺，柱高一丈五寸，柱径一尺一寸，台明高二尺二寸，下□二尺五寸，办（扮）戏房三间，明间面宽一丈八尺，二次间各面宽六尺，进深一丈五尺，柱高八尺四寸，台明高二尺五寸，大木吴（无）存。"另有《畅春园慈佑寺前戏台底样》（图15），墨绘，图中有戏台平样、立样，有尺寸标注，内容与说帖相吻合。据《总管内务府畅春园现行则例》记载："道光三年四月奉旨：永宁寺着改为慈佑寺，永宁观着改为宝真观，嗣后永宁寺四月初八日着停止献戏，钦此。"慈佑寺原为永宁寺，位于畅春园西北侧，寺前戏台于道光三年停止献戏后闲置，至咸丰六年（1856）已损毁严重，建筑局部"大木无存"，遂被拆去。

国图收藏样式雷相关图档共计7张。图16为《西花园地盘样糙底》，右下角背面

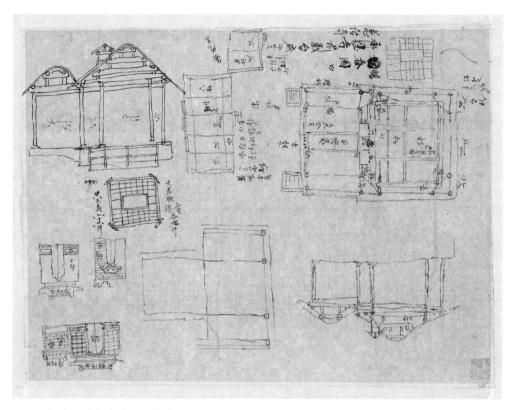

图15 畅春园慈佑寺前戏台底样

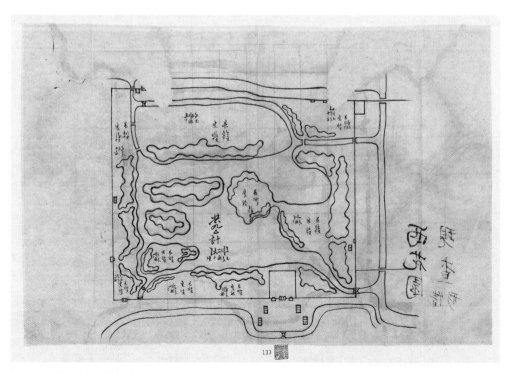

图16 西花园地盘样糙底

标注"西花园现查情形"。图中重点标示了西花园整体的水陆布局和山石分布，并标有各片土地面积及尺寸，建筑均未绘出，仅框出东南侧宫门组群（西花园南所）轮廓，图中绘有平格，用于丈量地亩尺寸。

图17、图18、图19和图20的内容大致相同，描绘对象均为西花园东南侧宫门组群（西花园南所），应为一次修缮工程的勘察图。其中图17的书写最为工整，内容

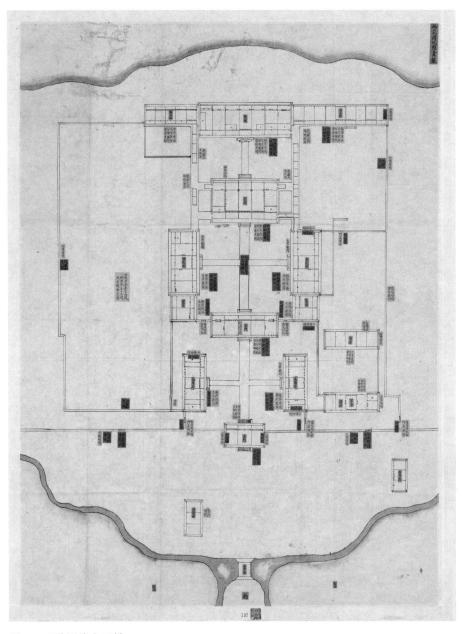

图17　西花园地盘画样

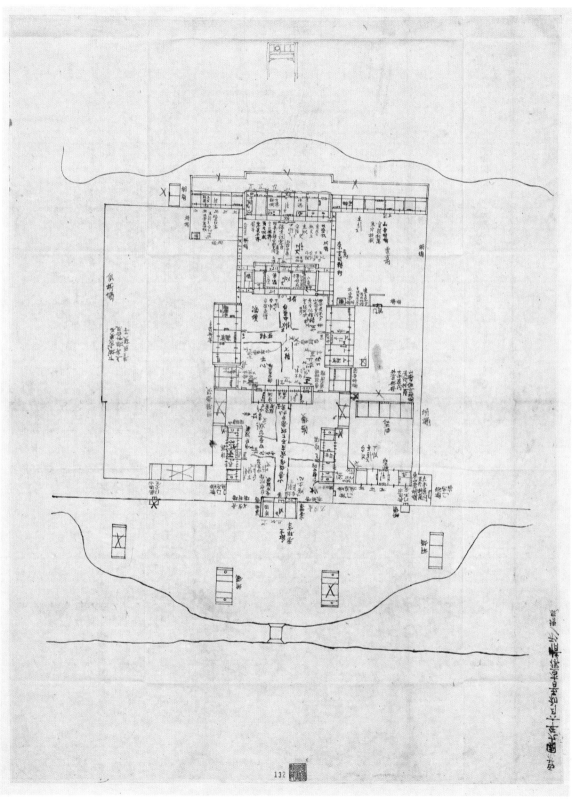

图18　西花园平样糙底

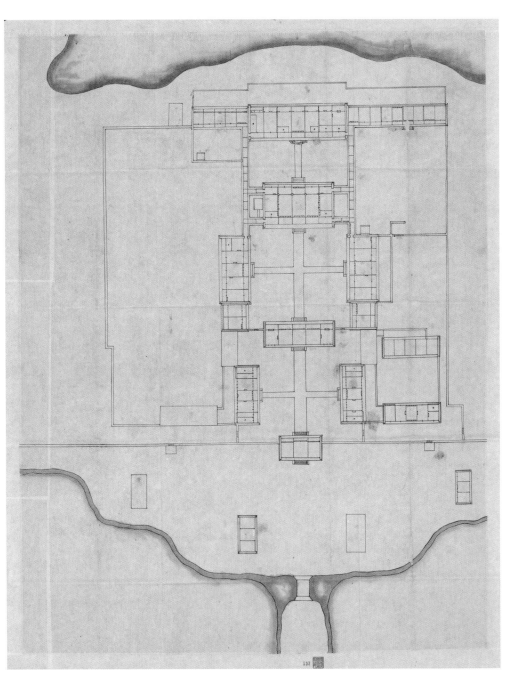

图19　西花园地盘画样

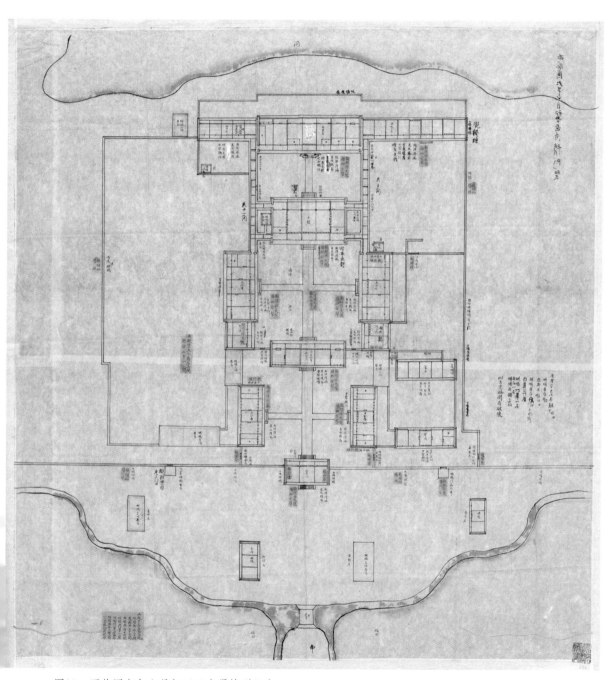

图20 西花园九年六月初五日查得情形细底

完整，有浮签，似为进呈样，题名为《西花园地盘画样》。图为黄底，水岸为草绿色，现存建筑为黑色墨绘，坍塌部分以红色绘出。图上浮签有3种：黄签标识建筑名称，浅黄签写明建筑残损程度，如"头停渗漏、瓦片脱节、阶条走错"，红签为拟修理办法，如"拟头停夹陇，补砌台帮"。另有黄签标注房间及粘修总数："共殿宇大小房七十四间内，拟粘修五十三间，现有游廊二十一间。"从样式雷图档中可以看出，此时西花园已经经历了长时间的闲置，损毁十分严重，南所西侧和南侧围墙几乎全部倒塌，建筑瓦片脱落，台帮坍塌。拟修理部位主要为中路殿宇及围墙，游廊和东路值房等不在修补之列，可见本次修补意在维持西花园现状，并无意将其重新启用。

图21为马厩地盘样，根据其周围环境推测，应位于西花园北侧。另有奏折称：

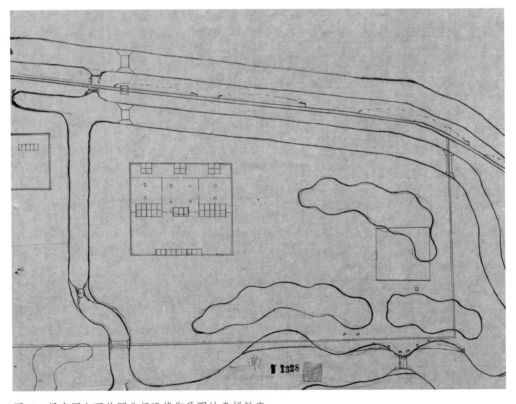

图21　畅春园之西花园北部添修御马圈地盘样糙底

"（光绪十五年）七月初八日，上驷院今奏为请旨事。窃查圆明园自在园设有木材衙门郭什哈一圈，现据准咨军衙门文称，钦奉懿旨将自在园改建养花园处所得给。因，钦此。奴才等即饬令郭什哈圈厩长文连，将自在园内所养马匹全数移出，仅将马王佛像在西花园地方搭盖席棚，暂为供奉以待□修。……当经奴才衙门行文圆明园查勘地势，旋据文称查得西花园内有空闲地基一块，共水旱地一顷八十余亩，……奴才等共同商酌，拟请时西花园空闲地一顷八十余亩堪以本院建设御马之厩……"[1]可知该图档绘于光绪十五年后，原用于饲养御马的自在园（自得园）被改为养花园，为了安置御马，遂在西花园北侧空地添修马厩。

三、畅春园样式雷图档价值

畅春园及其附属寺庙及园林在乾隆朝之后就逐渐走向衰落，图档内容较为零落分散，难以反映设计过程，但在一定程度上为探讨园林原貌提供了可能。图档多为地盘图，用于勘察丈尺，多反映清中后期畅春园及其附属园林、寺庙衰败后，用以抵料修建其他园林或改为他用的情况。国家图书馆已对现存的畅春园相关图档进行整理（表1）并出版。畅春园、西花园、圣化寺和泉宗庙破坏严重、遗迹难寻，在反映园林兴衰变迁，探讨园林艺术及复原研究等方面，这部分样式雷图档是最为重要的依据，具有极大的价值和作用。

表1　已整理的中国国家图书馆藏畅春园样式雷图档数量表

序号	地点		数量	
1	畅春园	春晖堂	1	23
2		寿萱春永	1	
3		清溪书屋	9	
4		观澜榭	4	
5		疏峰	3	

---

① 《奏为圆明园西花园搭建郭什哈（马厩）请派员踏勘事》，光绪十五年七月初八日（1889年8月4日），中国第一历史档案馆藏，03-7157-041。

序号	地点		数量	
6	畅春园	无逸斋	1	23
7		慈佑寺	2	
8		其他	2	
9	西花园	总图	1	7
10		南所	4	
11		北部马厩	1	
12		略节	1	
总计			30	

（一）畅春园样式雷图档是记录历史的重要载体

畅春园样式雷图档不仅反映了清朝皇家园林的建筑风格和设计理念，还为我们了解当时的社会背景、审美观念、技术水平等提供了宝贵的资料。这些图纸和档案是历史的见证，对于研究清朝历史和文化具有重要意义。畅春园作为皇家园林，其设计精巧、布局合理，体现了我国古代园林艺术的精髓。样式雷图纸详细记录了园林的建筑、布局、装饰等细节，展现了古代工匠的精湛技艺和无穷智慧。这些图档对于研究我国古代园林艺术、建筑美学等方面具有重要的参考价值。

（二）畅春园样式雷图档是科学研究的重要资料

畅春园样式雷图档包含丰富的建筑、地理、水利等信息。例如，图纸中标注了长宽尺寸、陆地高程等详细数据，反映了古代工匠在建筑设计、地理测绘等方面的科学知识。这些图纸和档案为研究我国古代科学技术提供了珍贵的实证材料。畅春园在乾隆朝之后逐渐衰败，现存遗迹难以寻觅。然而，样式雷图纸和档案为我们探讨园林原貌提供了可能。通过对这些图纸和档案的研究，我们可以了解畅春园的建筑风格、布局特点、装饰细节等，从而更深入地理解清朝皇家园林的文化内涵和艺术特色。

（三）畅春园样式雷图档是古建复原的重要参考

畅春园等园林及寺庙破坏严重，但样式雷图纸和档案为我们提供了复原的依据。通过对这些图纸和档案的深入研究，我们有望重现畅春园等历史遗迹的风采，让更多人领略到我国古代园林艺术的魅力。

圆明园

白鸿叶

一、圆明园概况

（一）园内规模

由于满族游猎文化的影响，清朝皇帝不喜久居宫城，多在宫外寻找风景优美之处居住。顺治帝常居于南苑和皇城的西苑。康熙帝则在京西玉泉山建造行宫，命名"澄心园"，还在香山寺旁建行宫。康熙二十三年（1684），又在清华园废址上修建了畅春园，作为避喧听政之所。畅春园周围是各皇子和宠臣的赐园，圆明园即是胤禛的赐园。

圆明园本是清康熙帝赐给皇四子胤禛的赐园，最初规模甚小。胤禛继位后，即雍正帝，在原赐园的基址上加以扩建，全园面积增至3000余亩，同时也利用多泉的沼泽地形修建了许多大中型水景，并筑造河道，叠石造山，形成山水层叠的格局。后乾隆帝对该园进行扩建，并亲自主持了扩建工程。此次扩建，并没有扩大圆明园的地盘，而是在原有范围内调整园林景观，增建若干建筑组群以丰富园景。到乾隆九年（1744），圆明园的营建工作基本告一段落。乾隆帝钦定了四十景，并分别赋诗，由内廷画师沈源、唐岱等绘制《圆明园全图》，绢本设色，共计四十幅。汪由敦楷书乾隆所作各景题咏四十首，亦四十幅。书画作品总共八十幅，分装两巨册，原存圆明园中，现存巴黎法国国家图书馆。

乾隆帝另在圆明园东面和南面先后兴建了两座附园——长春园和绮春园。长春园始建于乾隆十四年，于乾隆十六年落成，是乾隆帝建造的颐养之所，因此，"颐养"和"休闲"是长春园最大的主题，以宴游为主，没有议政的设施。长春园成为乾隆皇帝为自己营建的"老年活动中心"，而实际上乾隆六十年"归政"之后并未住此。

绮春园位于圆明园的东南，大约建成于乾隆三十七年，是由几个小园林合并而成，其中包括大学士傅恒及其子福隆安缴进的赐园。嘉庆时又把庄敬和硕公主的赐园含辉园和成亲王寓园并入绮春园，屡有增建。园林规模与长春园相当，嘉庆帝颇为欣赏，于嘉庆十年（1805）御制《绮春园三十景》诗。嘉庆十四年，在正觉寺东侧，正式修建绮春园宫门，因它比圆明园大宫门和长春园二宫门晚建半个多世纪，亦称"新宫门"，且一直沿用至今。同治年间，慈禧太后和同治帝试图重修圆明园，并拟将绮春园改名"万春园"。而重修圆明园的计划最终没有完成，名副其实的"万春园"并没有出现过。

圆明、长春、绮春三园相对独立又互相连通，总体上以圆明园为主，因此一般统称为"圆明三园"或"圆明园"。圆明三园的总平面呈倒"品"字形，占地350公顷（5200余亩），其中水面面积约140公顷（2100亩），有园林风景百余处，建筑面积逾16万平方米，陆上建筑面积比故宫的全部建筑面积还多一万平方米，水域面积又相当于一个颐和园，是清朝帝王在150余年间创建和经营的一座大型皇家宫苑。雍正、乾隆、嘉庆、道光、咸丰五朝皇帝，都曾常年居住在圆明园，并在此举行朝会，处理政事。它与紫禁城同为当时的全国政治中心，被清帝特称为"御园"。

圆明园，曾以其宏大的地域规模、杰出的营造技艺、精美的建筑景群、丰富的文化收藏和博大精深的民族文化内涵而享誉于世，被誉为"万园之园"。

（二）园林景点

康熙帝、乾隆帝热衷于游冶，一生多次造访江南，广泛地吸取各地园林的精华，并融入圆明园中。圆明三园共有一百余处园中园和风景建筑群，即通常所说的一百余景，且三园可各自划分为数十个景点。

乾隆帝赐名的"圆明园四十景"为正大光明、勤政亲贤、九州清晏、镂月开云、天然图画、碧桐书院、慈云普护、上下天光、杏花春馆、坦坦荡荡、茹古涵今、长春仙馆、万方安和、武陵春色、山高水长、月地云居、鸿慈永祜、汇芳书院、日天琳宇、澹泊宁静、映水兰香、水木明瑟、濂溪乐处、多稼如云、鱼跃鸢飞、北远山村、西峰秀色、四宜书屋、方壶胜境、澡身浴德、平湖秋月、蓬岛瑶台、接秀山房、别有洞天、夹镜鸣琴、涵虚朗鉴、廓然大公、坐石临流、曲院风荷、洞天深处。

嘉庆帝赐名的"绮春园三十景"为敷春堂、鉴德书屋、翠合轩、凌虚阁、协性斋、澄光榭、问月楼、我见室、蔚藻堂、蔼芳圃、镜绿亭、淙玉轩、舒卉轩、竹林院、夕霏榭、清夏斋、镜虹馆、喜雨山房、含光楼、涵秋馆、华滋庭、苔香室、虚明境、含淳堂、春泽斋、水心榭、四宜书屋、茗柯精舍、来薰室、般若观。

长春园没有皇帝钦定的"三十景"或"四十景"，但园中也有淳化轩、如园、鉴园、思永斋、海岳开襟、流香渚、玉玲珑馆、狮子林、宝相寺、法慧寺、谐奇趣、远瀛观、转马台、海晏堂、方外观、万花阵、线法墙、黄花灯、罗溪烟月、兰芝山、横秀亭、冷然阁、天心水面、茜园、澹怀堂、澄波夕照、爱山楼、惟绿轩、延清堂、观丰榭、含碧楼等景点。

然而不幸的是，这座举世名园于咸丰十年，即1860年的10月，遭到英法联军的野蛮洗劫和焚毁，变成一片废墟。

（三）建筑特征

1.园中有园、层层嵌套的格局

园中有园、层层嵌套的格局是圆明园景区的一个重要特征。每个景点都以一组建筑为中心，并搭配若干山形水系而成。每组建筑又都包括了若干个院落，而每一个院落又分别由多个单体建筑构成。

九州景区是圆明园的核心景区，它由九州清晏、镂月开云、天然图画、碧桐书院、慈云普护、上下天光、杏花春馆、坦坦荡荡、茹古涵今九个独立的景点组成。九个景点分别位于九个小岛之上，围绕着后湖，寓意九州大地河清海晏，天下升平，江山永固。九州清晏景点位于九州景区的中轴线上、前后湖之间，四周靠桥梁与其他景区相通，九州清晏岛东西长220米，南北宽120米，占地25000平方米，建筑面积8600平方米，是圆明园中最早的景点之一。

《九州清晏地盘样》（图1）：全图为彩色绘制，所有殿宇房间名称都用黄签贴注。图中所绘九州清晏景区为早期建筑形制，中轴线为九州清晏、奉三无私、圆明园殿三大殿，其中九州清晏殿为七间接三间后抱厦，奉三无私殿为七间，圆明园殿为五间，奉三无私院东、西分别有东、西佛堂一座三间。中轴线东为天地一家春景

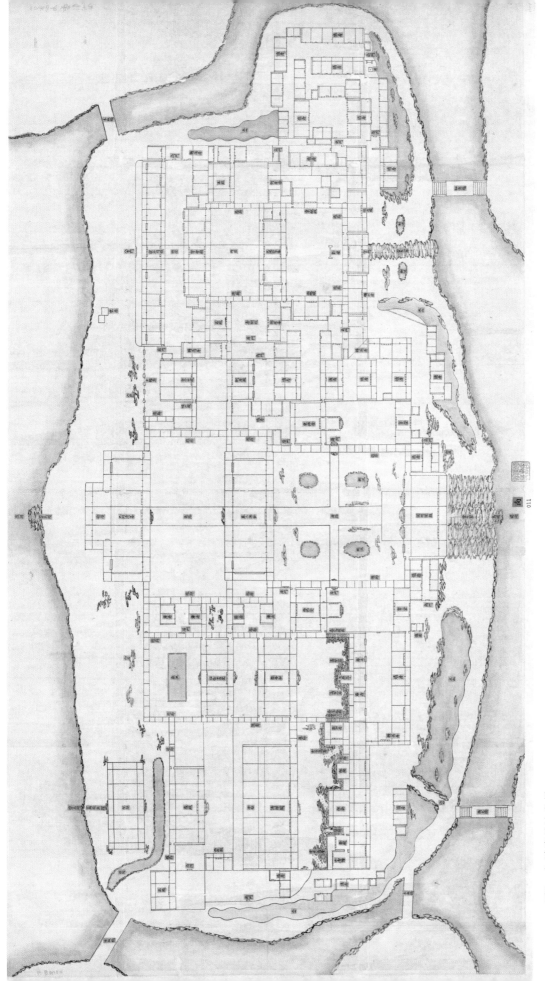

图1 九州清晏地盘样

区，从南到北依次为宫门一座三间、天地一家春一座五间、穿堂殿一座七间和泉石自娱一座十五间。中轴线西从北向南为鱼池一处、怡情书史一座五间、乐安和一座五间、玉照亭一座一间，再西从北向南为鸢飞鱼跃敞厅一座五间、后殿一座五间、清晖阁一座七间（有平台）、敞厅一座三间。

《长春仙馆地盘画样全图》（图2）：图中绘有长春仙馆景点中的随安室、墨池云、丽景轩、藤影花丛、林虚桂静、绿荫轩、长春仙馆、古香斋、抑斋、含碧堂、鸣玉溪、春好轩、喜音堂、圆明园司房、敬事房等建筑，共大小殿宇房间135间。其中藤影花丛院落东西宽四丈六尺，南北长六丈八尺，林虚桂静院落东西宽四丈八尺，南北长六丈四尺。

2. 多样的建筑形制

园内建筑既吸取了历代宫殿式建筑的优点，又在平面配置、外观造型、群体组合诸多方面突破了官式规范的束缚，广征博采，形式多样，创造出许多在我国南北方都极为罕见的建筑形式，如卐字轩、眉月轩、田字形、扇面形、弓面形、圆镜形、工字形、山字形、十字形、方胜形、书卷形等等，因景随势，千姿百态。

"卐"不是文字，而是符号，意寓四海承平、国家统一、天下太平。从《圆明园万方安和地盘全样》（图3）中可以看出，万方安和位于山高水长之东的湖中，其主体建筑为三十三间殿宇，周围带回廊，建筑平面呈"卐"字形。卐的四个角，除西南角外，其他三处分别有一孔板桥和三孔板桥与山石泊岸相连接，十字的四条边分别有四个涵洞，并在正南处有码头。这是一座包含了佛教教义、儒学经典与民间信仰等多重政治、宗教、哲学内容的建筑，是华夏建筑史上绝无仅有的，也是世界唯一的建筑形制。

3. 以水为主的景园布局

圆明园是一座以水为主题的水景园，水域面积占全园面积的一半以上。其水源主要来自玉泉山，通过颐和园的昆明湖和清河支流万泉河注入圆明园，然后散布于各园。这些河道、湖泊和遍布全园的假山、岛屿等相互烘托映衬，形成山水写意画般的意境，可以说是集我国古典园林堆山理水手法之大成。

《圆明园内围河道泊岸全图准样》（图4）、《长春园内围河道全图》（图5）、《绮春园河道》（图6）三图形象地描绘了圆明三园的水系特征。水面形态各异，大中

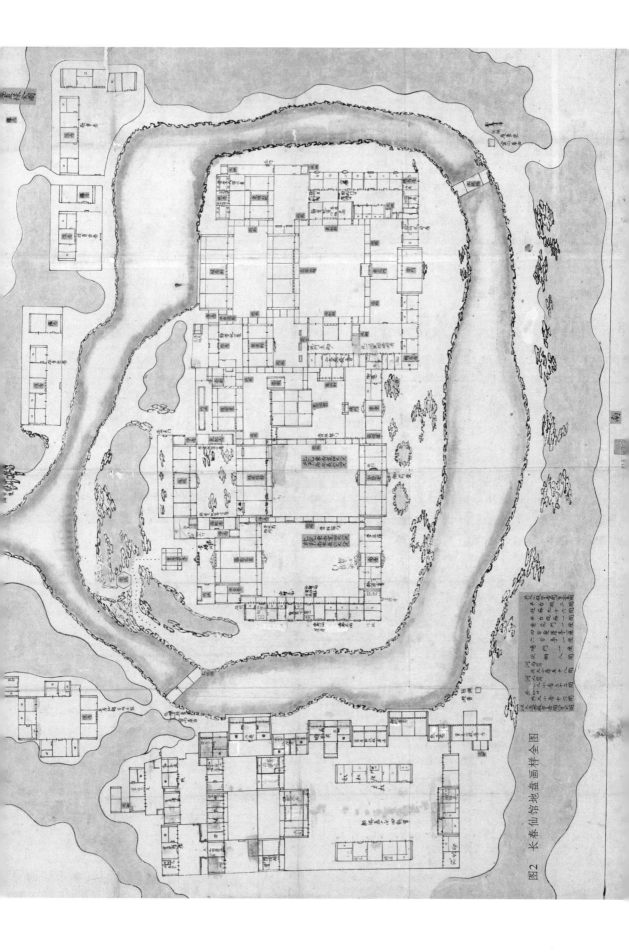

图2　长春仙馆地盘画样全图

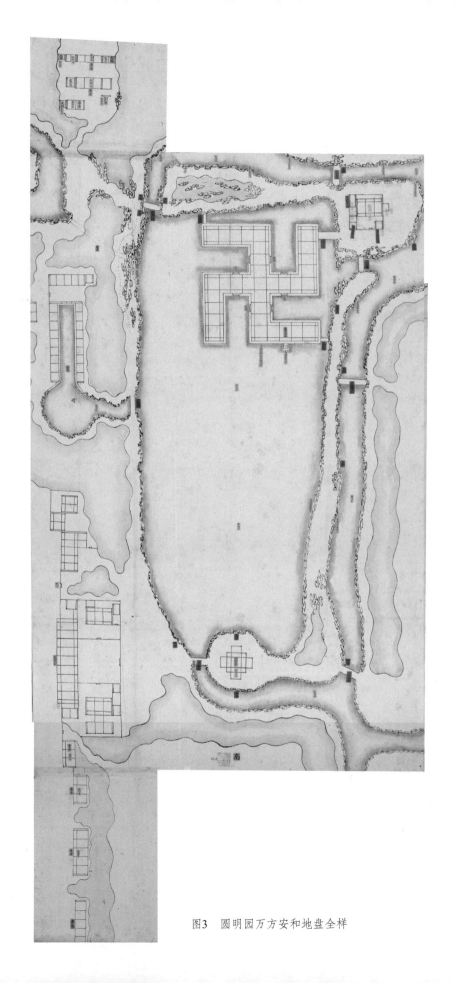

图3　圆明园万方安和地盘全样

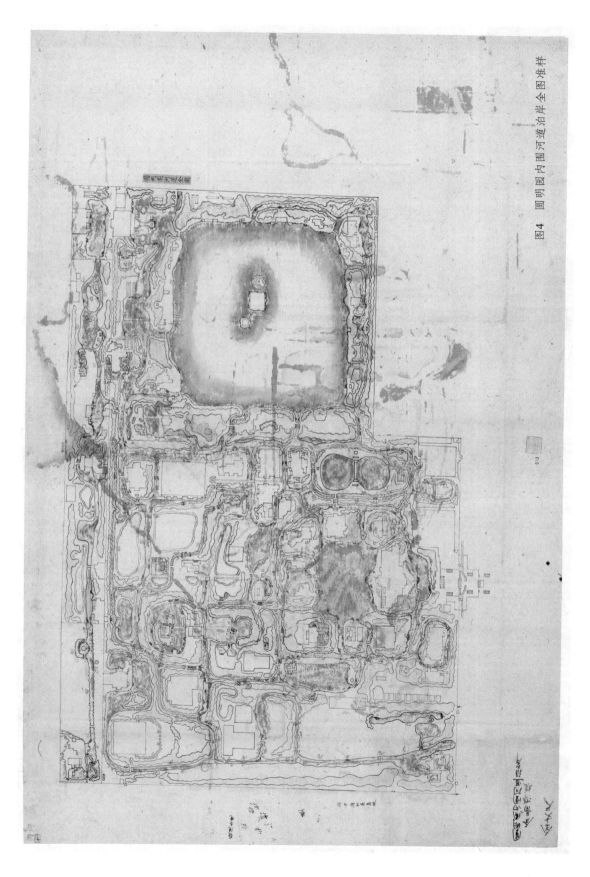

图 4　圆明园内围河道治岸全图准样

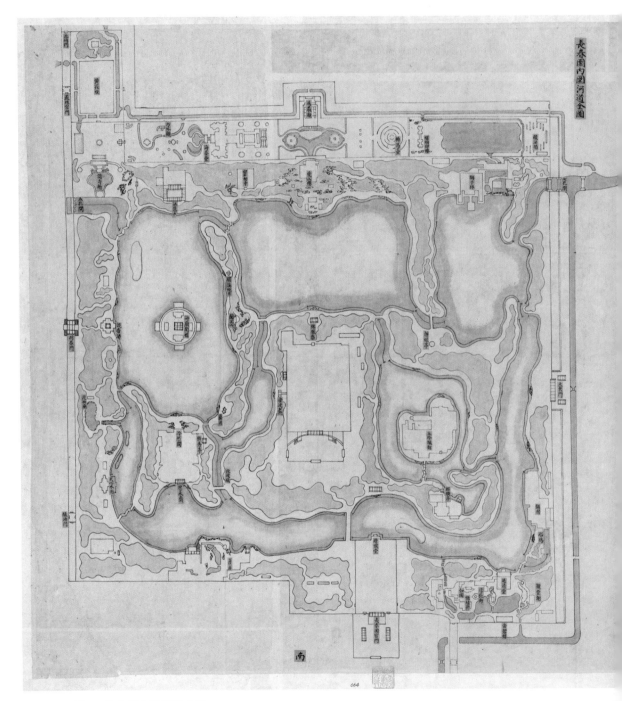

图5　长春园内围河道全图

小相结合，最大的是福海，宽达600余米，浩瀚的水面上浮现出仙境般的"蓬岛瑶台"。回环萦流的河道作为全园的脉络和纽带，把这些大大小小的水面串联为一个完整的河湖水系。同时在功能上提供舟行游览之便利。

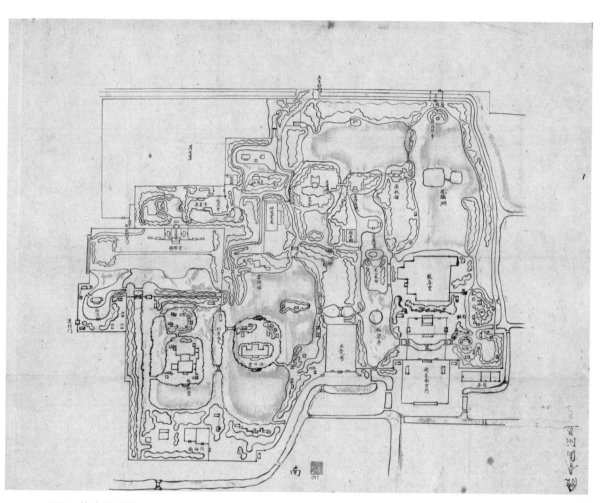

图6　绮春园河道

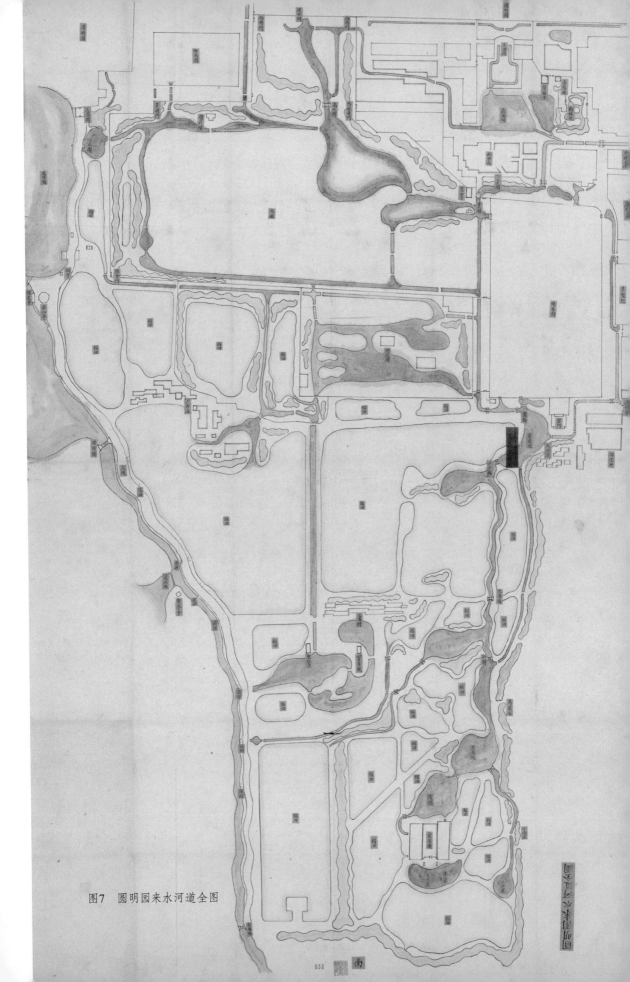

图7　圆明园来水河道全图

　　从《圆明园来水河道全图》（图7）和《圆明园附近河道全图》（图8），可以清晰地看出圆明园水系的来源。一是万泉庄之水，经由畅春园过挂甲屯北流，从圆明园的进水闸导入园内以补给园林用水；二是昆明湖之水，经二孔闸东流，经高水闸北流，也从圆明园的进水闸导入园内，从出水闸汇入清河。这些水系河道需要人为清理，否则会淤浅。在《圆明园附近河道全图》中形象地在绿色河道中绘有不规则的棕色块状以示淤积，并加以签注："七孔闸往东至南小三岔口止河桶淤浅一道，凑

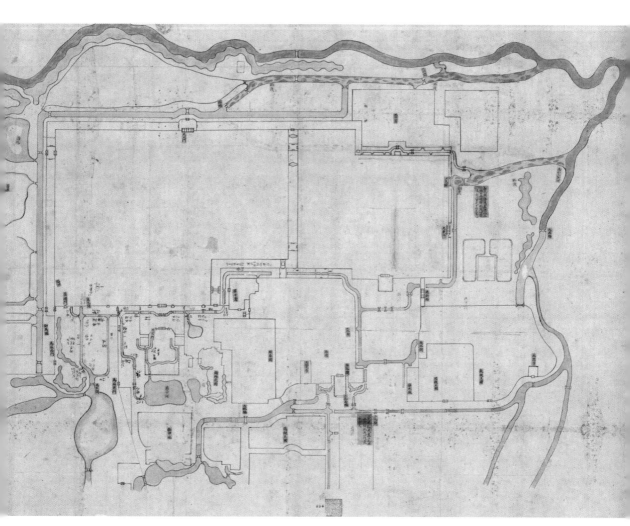

图8　圆明园附近河道全图

长二百九十四丈五尺。"

4.景观取材"移天缩地"

圆明园的景观大量取材于中国的神话传说和诗画意境，汇集了当时江南若干名园胜景的特点，融入中国古代造园艺术之精华，将诗情画意贯穿于千变万化的景象之中。如蓬岛瑶台（原名蓬莱洲，即福海中的大小三岛，仿李思训画意，为仙山楼阁之状）、武陵春色（再现陶渊明《桃花源记》境界）、上下天光（取法于云梦之泽）、杏花春馆（取杜牧杏花村诗意）等。

园内仿建了许多江南名胜，称为"缩景"，如平湖秋月、雷峰夕照、南屏晚钟、曲院风荷、柳浪闻莺、花港观鱼、三潭印月、两峰插云、苏堤春晓、断桥残雪是仿建杭州的"西湖十景"，连名称也照搬过来。另外还有仿建庐山的西峰秀色、仿建海宁安澜园的四宜书屋、仿建南京瞻园的茹园、仿建苏州狮子林的狮子林、仿建杭州汪氏庄园的小有天园等。

不仅融汇江南本土风景，还吸收和融合国外的建筑和园林艺术，如舍卫城是仿效印度古代桥萨罗国的国都兴建的。在长春园北墙建造了谐奇趣、海晏堂、黄花阵、远瀛观、方外观和线法山六大欧式建筑群和三大喷泉，因为它们是欧式建筑，所以俗称"西洋楼"。正所谓："谁道江南风景佳，移天缩地在君怀。"

二、圆明园样式雷图档概况

严格来说，样式雷图档应指被誉为"样式雷"的雷氏家族绘制的建筑图纸、烫样及其相应工程作法的说明文档，但为了便于研究样式雷，我们把样式雷图档的定义进行扩充，凡是与"样式雷"相关的图文档案统称为样式雷图档，不仅包括样式雷家族绘制的建筑图纸、烫样和工程作法册，还包括其日记、往来信函以及账单、财务收支情况记录等档案，以及与雷氏图纸混淆的样式房其他人员绘制的图档。国家图书馆收藏的样式雷图文档案涉及多种建筑类型，有宫殿、宫苑、王府、行宫、坛庙、陵寝等，其中关于圆明三园的图档占国图藏全部样式雷图档的近七分之一。

1933年，《国立北平图书馆馆刊》第七卷三、四号发表了金勋先生的《北平图书馆藏样式雷制圆明园及其他各处烫样目录》和《北平图书馆藏样式雷藏圆明园及内廷陵寝府第图籍总目》，笼统地列出圆明园三园及其附属园、行宫、三海、南苑、东陵、西陵、王公府第等目录，其中圆明园图籍共105包2200余张，包括圆明园1855张，长春园149张，万春园291张。2017年，经过初步统计，景点明确的圆明三园图档共计1359册件。景点不明确的装修装饰图、用具图和船只图700余张，这些不明景点图档另计成册。

圆明园样式雷图档的内容包括新建、修缮、改建、内檐装修、河道疏浚、山体切削、绿化植被、室内室外陈设等工程。既有景点规划设计图、踏勘草图、建筑平面图、建筑立面图，又有室内室外装修图，且这些图档多为道光、咸丰、同治朝所绘。图幅、比例大小各异。下文将从几个方面对这些图档进行简要介绍。

（一）图样类型

1.总平面图

总平面图是指能反映全园各景群建筑轮廓的图纸。图档中总图数量并不多，表现三园全景的有《圆明园附近河道全图》（图8）一幅、《圆明园地盘全图》（图9）二幅、《圆明长春万春三园总图》一幅和《圆明园大墙尺丈并外围水道地盘全样》（图10）一幅。几幅总图虽不十分详尽，但足以看出全园的总体规划。

圆明园有两大景区，分别是以福海为主体的福海景区和以后湖为主体的后湖景区。福海景区以"蓬岛瑶台"为中心。后湖景区位于全园的中轴线上，又以"九州清晏"一组大建筑群居中。长春园也是以两个景区为主体，辅以若干小园和建筑群。北面为欧式西洋楼建筑群，包括6组建筑物、3组大型喷泉以及园林小品，沿着长春园的北墙呈带状分布。南面景区建筑布局比较疏朗，利用桥、堤将大片水面划分为若干形状各异的水域。总之，三园具有统一的风格，但建筑布局又有所不同，统一之中寓有变化。

表现各园全景的只有三园各一幅内围河道图。虽然河道主要表现园内水系，但不同程度地标示出园内总体景观。如《长春园内围河道全图》（图5）绘出了大东门、

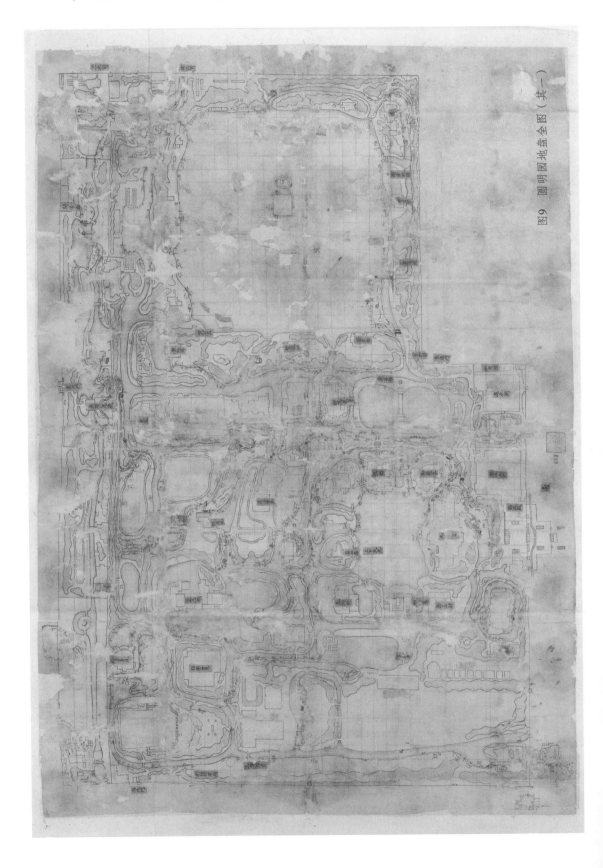

图9 圆明园地盘全图（其一）

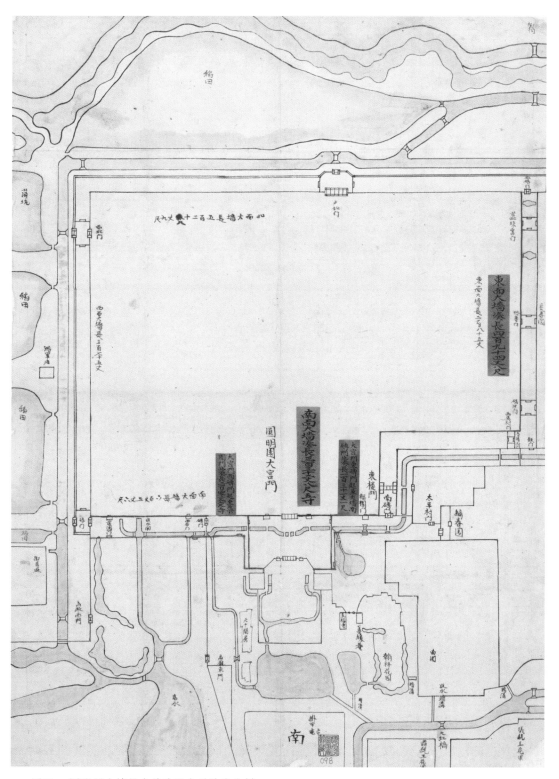

图10　圆明园大墙尺丈并外围水道地盘全样

长春园宫门、蕊珠宫门、明春门和北砖门，还标注了园中建筑景群20余处，包括淳化轩、如园、鉴园、思永斋、海岳开襟、流香渚、花神庙、玉玲珑馆、狮子林、宝相寺、法慧寺、谐奇趣、远瀛观、转马台、海晏堂、方外观、万花阵、线法墙等胜景。

2.各景点图

此类图档数量最多，或为各景点总体平面图、景点局部平面图，或为单体建筑图，有平面图、立样图，也有糙图、准底，这些图档涉及圆明三园多处景点。圆明园有：正大光明、勤政亲贤、九州清晏、茹古涵今、坦坦荡荡、杏花春馆、藻园等。长春园有：宝相寺、淳化轩、澹怀堂、法慧寺等。绮春园有：畅和堂、澄心堂、春泽斋、凤麟洲、敷春堂、宫门、含淳堂、含辉楼、涵秋馆、正觉寺等。万春园有：四宜书屋、迎晖殿、清夏堂、蔚藻堂、澄心堂、思永斋、协性斋、永春室、凌虚阁、敷春堂等。各个景点图纸从一幅到几幅、几十幅不等，多者有上百幅，像九州清晏图档就有400余幅。

3.装修图

装修分为外檐装修和内檐装修。外檐装修是指建筑物外部与室外相分隔的装修构件，起到围护、遮挡、通风和采光等功能，比如门、窗、栏杆等。在园林建筑的整体造型中，外檐装修最具直观性，丰富了建筑的立面并美化建筑外观。内檐装修是指位于建筑物内部，起到分隔室内空间，并美化室内环境作用的装修构件，在其用材和形式上都体现了很大的自由性，大都反映主人的喜好，形式多样。主要有罩、屏、碧纱橱等。其中，罩是最活泼多样的隔断形式，表面上看是起到分隔室内的作用，但完全是象征性的，其实只起到装饰作用，给人一种似隔未隔、似分未分的空间幻觉，增加了室内空间的层次感。根据形式，可以将罩分为落地罩、栏杆罩、几腿罩、床罩等。

圆明园样式雷图档的装修图中，出现了多种不同式样的装修部件，有碧纱橱、宝座屏风、木围屏、博古书格、炕罩、落地罩、圆光门、仙楼等，越到后期形式越复杂，雕刻越多。它们有的把空间彻底封闭，有的是半封闭，有的是渗透式的，有的是虚拟式的。运用这些装修部件能够创造出多种复合空间，使一幢幢建筑的室内空间呈现出多姿多彩、互相流通的局面。

比如圆明园慎德堂建于道光十年（1830）左右，其室内装修自建成之后有过多次改建，尚存有六种不同时期的图纸，可以看到当时室内装修发展变化的轨迹。《慎德堂添安装修地盘样》（图11）、《慎德堂内檐装修尺寸地盘画样》（图12）、《慎德堂明间后檐支摘窗一槽立样》（图13）等几十张图纸反映了慎德堂内、外檐装修的式样。

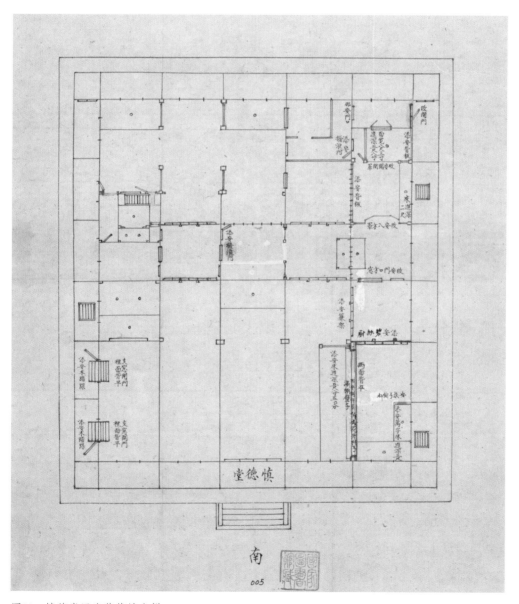

图11　慎德堂添安装修地盘样

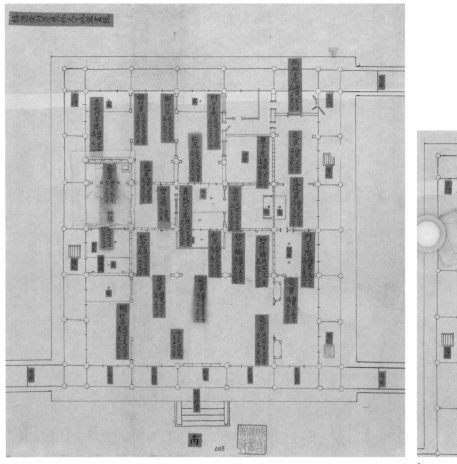
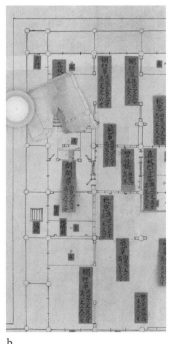

a   b

图12　慎德堂内檐装修尺寸地盘画样（a.有贴页；b.翻开贴页）

（二）文档类型

1.装修谕旨

样式雷世家作为样式房机构的负责人，随时要根据皇帝和内务府官衙关于修建圆明园等皇家宫殿苑囿的谕旨和指示进行工作。这些谕旨包括《旨意档》（上谕档）、《堂谕档》和《司谕档》。其中《旨意档》记录的是同治皇帝和慈禧皇太后的谕旨，《堂谕档》记载的是内务府堂的指示，《司谕档》是内务府营造司的指示和通知。这些遗存谕档资料中，保存了大量的同治年间重修圆明园的珍贵资料，如天地一家春内檐装修的旨意档中记载了慈禧亲自操笔绘制图样："同治十二

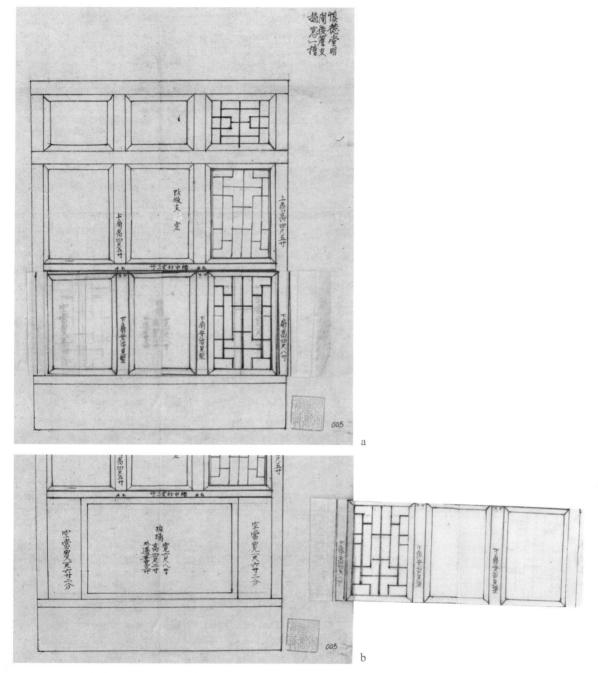

图13　慎德堂明间后檐支摘窗—槽立样（a.有贴页；b.翻开贴页）

年十一月十九日天地一家春四卷殿装修样并各座纸片画样，均留中，皇太后自画，再听旨意。同年十二月二十二日，天地一家春明间西缝碧纱橱单扇大样，皇太后亲画，瓶式如意上梅花要叠落、散枝。"

2.略节

略节即为文档资料，记述建筑尺寸、装修做法等。一般有尺寸略节，如《全碧堂等房间尺寸略节》（图14），和做法略节。图样资料形象直观地展现内、外檐装修的样式，文字档案则是如实记录其尺寸和用料，图、文资料相结合更是可以如实再现当年建筑之辉煌。

在慈禧为自己拟建的寝宫——"天地一家春"内，总共使用了35处装修。如此多的装修数量和类型出现在一幢建筑中，是前所未有的。慈禧和同治不但亲自审查设计图纸，慈禧还操笔亲绘图样。

《天地一家春三卷殿内檐装修略节》（图15）反映了天地一家春殿室内安装瓶式罩、横披等的具体情形。"中卷西进间后金面宽瓶式罩一槽中安瓶式门口一座，中宽二尺六寸六分，高六尺四寸，中梓横披一扇宽五尺五寸五分，高三尺；两次

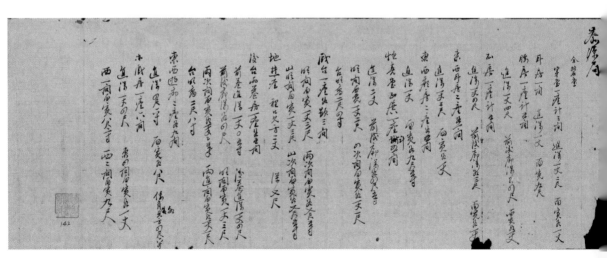

图14 全碧堂等房间尺寸略节

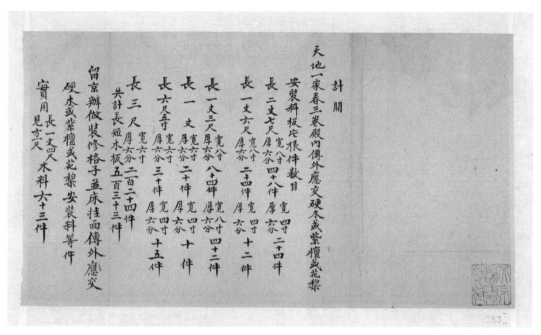

图15　天地一家春三卷殿内檐装修略节

堂落地明二扇各宽一尺四寸四分，高六尺四寸，两傍五抹罩腿二扇各宽二尺二分高九尺四寸，上横披三堂，每堂宽二尺八寸三分，高一尺八寸六分，中夹玻璃四季花卉二面雕活。"

3.知会单

知会为口头通知的意思，知会单应为非正式的通知单。如有堂档房因为文源阁等处画样事着传样式房的知会单，也有九州清晏寝宫内檐装修的知会单，这些都反映了样式房与内务府内堂档房等府衙的关系。

三、圆明园样式雷图档价值

（一）作为查找遗址的依据

圆明三园中，诸多园林风景群的建筑形制、体量、数量，120座楼阁、140余座亭子、近200座桥梁的位置、类别，诸多殿宇及帝后游憩寝宫的内装修，数十座大小庙宇、10余座戏台、9所船坞、2处习武马道，以及超过11公里长的外围大墙和30余座园门等，基本都能从样式雷图档中找到相应资料。

圆明三园的成百处园林风景群，建筑面积达20万平方米。其中悬挂康雍乾嘉道咸诸帝御题匾额的有800多处景物，共有内外匾额1200余面，但长期以来，人们对其中的大多数景物无法对号入座。现依据这2000余幅关于圆明园的样式雷图档，不仅可以摹绘出三园所有园林风景群的山水、建筑布局，而且80%以上的题名景物也得以确指其位。对圆明园遗址的保护、整修及学术研究，具有极大的现实意义和长远影响，这些样式雷图档的历史文物价值怎么估计都不为过。

（二）反映景点变迁

从样式雷图档中，可以清楚地了解到圆明三园20余处风景群的布局变迁情况。"圆明园四十景"于乾隆九年绘成分景彩图后，其中的上下天光、杏花春馆、长春仙馆、武陵春色、映水兰香、北远山村、四宜书屋、平湖秋月、涵虚朗鉴、接秀山房、别有洞天、夹镜鸣琴、澡身浴德、廓然大公和洞天深处等景，在乾隆朝中后期或嘉庆、道光时期，均有过明显改建或增建；长春园于乾隆朝中后期建成之后，茜园、淳化轩（含经堂）、泽兰堂、丛芳榭等景，在嘉庆、道光时期有过局部改建；绮春园于乾隆中叶归入圆明园并于嘉庆朝全面修缮增建，敷春堂、四宜书屋、清夏斋等景在道光、咸丰时期也有过局部改建。

同治年间，在慈禧的授意下，曾试图重修圆明园，当时拟修范围主要集中在圆明园的前湖区、后湖区和西部、北部一带，以及万春园宫门区、敷春堂、清夏堂等20余处，共计3000多间殿宇。但由于财力枯竭，开工不到10个月就被迫停修，此后也仍未完全放弃修复圆明园，直至光绪二十二年（1896）至二十四年（1898），还曾修葺过圆明园双鹤斋、课农轩等景群。

九州清晏的园林建筑在嘉庆、道光、咸丰三朝曾先后有过多次较大规模的布局改变，是三园中变化最为频繁的。尤其是九州清晏殿，在历史上经历了几个时期的形制变化：（1）雍正间始建至道光十年，九州清晏殿七间带三间后抱厦，是为早期；（2）道光十六年九月二十六日（1836年11月4日），九州清晏之三大殿一带失火，之后重建九州清晏殿五间，无前后抱厦；（3）咸丰五年（1855），添建后抱厦，是为其中期形制；（4）圆明园罹劫后同治重修期间，有两卷九州清晏的设计，当定为晚期。

《九州清晏总样准底》（图16）是道光十六年火灾之后，样式房于道光十七年七月十六日（1837年8月16日）绘制而成的。图中用朱笔绘出重修之形制，将中路三大殿进行彻底改建，九州清晏殿由原来的七间改成五间，明间面宽一丈三尺，四次间各面宽一丈二尺，进深二丈四尺，前后廊各深六尺，连接九州清晏殿和奉三无私的甬路为砖海墁。殿前距甬路四尺处有一对铜鹤，铜鹤高四尺三寸，长三尺，石座宽一尺九寸，长二尺五寸，高一尺九寸，通高六尺二寸。

（三）为后人研究圆明园提供可靠史料

样式雷资料公之于世之后不久，著名建筑学家刘敦桢先生就在参阅雷氏关于圆明园图样、烫样、旨意档、堂谕档、司谕档及其他有关圆明园文档的基础上，撰写了《同治重修圆明园史料》，这是一部很有价值的著作。

随着样式雷图档资料的进一步揭示，越来越多的专家、学者，甚至普通人士越发认识到样式雷资料的可靠性，尤其在挖掘旧址、复原建筑、保护利用以及研究等方面更是起到了不可估量的作用。

清华大学郭黛姮教授编著的《乾隆御品圆明园》、刘畅教授的专著《慎修思永：从圆明园内檐装修研究到北京公馆室内设计》以及天津大学张凤梧博士的论文《样式雷圆明园图档综合研究》都是从样式雷图档等历史档案入手，对圆明园及其细部的内檐装修和空间设计进行剖析。

样式雷遗留的图文档案是一笔宝贵的文化财富。它不仅是关于某些具体建筑的档案，还是中国古代建筑师活动的真实记录。图纸绘制均如实反映当时面貌或设计的方案形式，地盘画样可以准确反映某一时期的景区格局。因此，国家图书馆的样式雷图档为了解和研究圆明园盛期时的情况提供了大量可信的重要史料。通过圆明园样式雷图文档案，我们看到了以样式雷为代表的建筑师们在皇家园林建筑中的创造，它们是那个历史时期建筑发展的缩影。

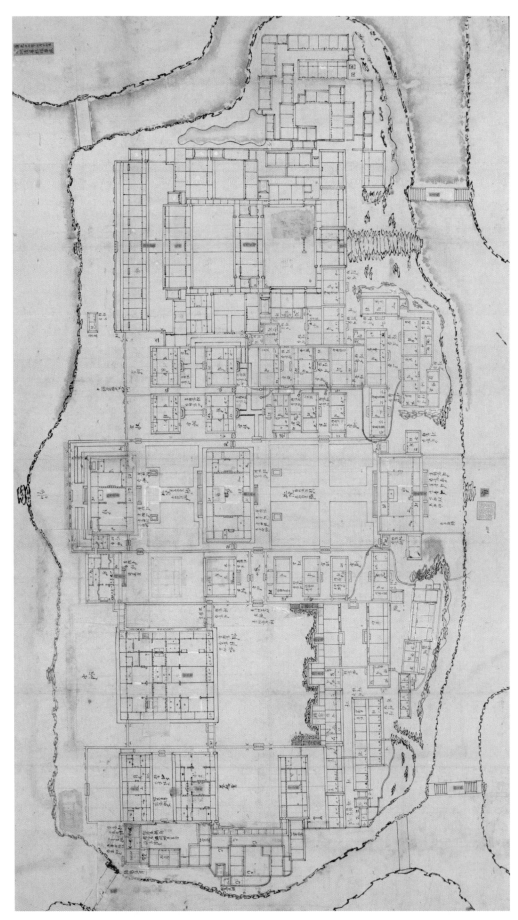

图16　九州清晏总样准底

静宜园

易弘扬

一、静宜园概况

（一）地理位置

静宜园位于西山支脉香山之上。早在唐代，香山上即建有永安寺。之后的朝代，包括辽、金、元、明，都有扩建和兴建香山寺庙之举。到了清朝，根据《嘉庆一统志》的记载，康熙十六年（1677）在静宜园内修建行宫。此时，香山行宫规模还不是很大："无丹臒之饰，质明而佳，信宿而归，牧围不烦。"乾隆年间，随着政权进一步稳定、经济进一步繁荣，乾隆皇帝在康熙帝香山行宫的基础上，"就皇祖之行宫"进行了扩建。乾隆八年（1743），在第一次游览香山时，乾隆帝就有意在康熙行宫旧址之上兴建一座新的皇家园林。乾隆九年，香山工程处成立，开始为扩建做准备，乾隆十年正式动工。乾隆帝修建静宜园的原因一是为了观景，"盖山水之乐不能忘于怀"；二是处理政务，"与群臣咨政要"；三是留心农事，"足以验时令而备农经也"。这一工程于乾隆十一年完工，共耗时7个月，完工之后乾隆帝将该园命名为"静宜园"。

（二）园内规模和景点

静宜园全园占地153公顷，周围的宫墙全长达5公里。园内尚有内垣、外垣、别垣。其中内垣有六门：东南门、东北门、西部的约白门、西南的如意门、西北的中亭子门和北部的进膳门。从样式雷图档《香山全图》（图1）可以了解到静宜园全园的规划。

静宜园园内主要的组成部分包括行宫别苑、佛教寺庙组成的人文景观和自然景观。其中，行宫别苑由勤政殿、中宫、带水屏山和松坞云庄组成。佛教寺庙中有香

图1　香山全图

山寺、洪光寺、宗镜大昭之庙、玉华寺、龙王庙和碧云寺。自然景观则包括璎珞岩、青未了、蟾蜍峰、霞标磴、森玉笏、晞阳阿、芙蓉坪、重翠崦和玉乳泉等。

静宜园最著名的景点当属静宜园二十八景，分为内垣二十景和外垣八景。内垣二十景为：勤政殿、丽瞩楼、绿云舫、虚朗斋、璎珞岩、翠微亭、青未了、驯鹿坡、蟾蜍峰、栖云楼、香山寺、知乐濠、听法松、来青轩、唳霜皋、香岩室、霞标磴、玉乳泉、绚秋林和雨香馆。外垣八景为：晞阳阿、芙蓉坪、香雾窟、栖月崖、重翠崦、玉华岫、森玉笏和隔云钟。

（三）静宜园建筑

作为二十八景之一的勤政殿依山而建，是静宜园人文景观建筑的代表之一。从样式雷图档《静宜园东宫门勤政殿随东西配殿等图样》（图2）中可以清晰看出勤政殿为一座五楹殿宇，殿前为月河，河两端各建五楹南北配殿。据乾隆《勤政殿》诗序："皇祖就西苑趯台之陂为瀛台以避暑，视事之所颜曰勤政。皇考圆明园视事之殿亦以勤政名之。予既以静宜名是园，复建殿山麓，延见公卿百僚，取其自外来者近而无登陟之劳也。晨披既勤，昼接靡倦，所行之政即皇祖、皇考之政，因寓意兹名，昭继述之志，用自勖焉。"可知修建勤政殿一方面是方便大臣议事，另一方面是乾隆勉励自己向先皇们一样勤于政事。

另一座代表性人文景观建筑中宫位于勤政殿南侧，四周建有虎皮石围墙，并开设有四个宫门。其中东宫门通往带水屏山。带水屏山建于乾隆二十七年（1762），背水临山，在其北、西、西南三个方位有一连绵水池。

静宜园内还有几座著名的佛教庙宇：香山寺、洪光寺、宗镜大昭之庙、玉华寺和龙王庙。香山寺是一座建于唐朝的寺庙，位于静宜园南侧半山腰，共有五层佛殿。作为二十八景之一，乾隆帝曾在《香山寺》诗序中描述道："（寺庙）依岩架壑，为殿五层，金碧辉煌。自下望之，层级可数。"在香山寺的西北端是洪光寺，该寺为明代成化间太监郑同始建，清乾隆九年进行扩建。宗镜大昭之庙建于乾隆四十五年（1780），为迎接班禅六世来京而建。昭庙依山傍水，整体风格仿照日喀则的扎什伦布寺。

除了人工建筑，静宜园还有许多自然景观。比如同为二十八景之一的璎珞岩。

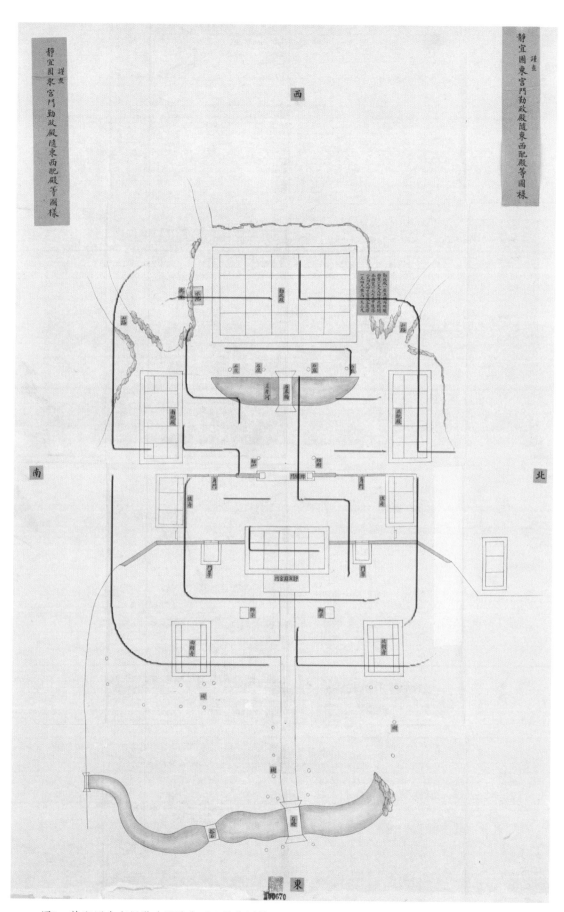

图2　静宜园东宫门勤政殿随东西配殿等图样

图3　璎珞岩清音亭（笔者摄）

乾隆帝在其《璎珞岩》诗序中描述道："横云馆之东，有泉侧出岩穴中。叠石如垤，泉漫流其间，倾者如注，散者如滴，如连珠，如缀旒，泛洒如雨，飞溅如雹。萦委翠碧，漺漺众响，如奏水乐。颜其亭曰清音，岩曰璎珞。"璎珞岩建有一亭（图3），其他二十八景中的自然景观如青未了、蟾蜍峰、霞标磴、森玉笏、晞阳阿、芙蓉坪、重翠崦、玉乳泉等等，往往也都建有一亭或是一馆。

二、静宜园样式雷图档概况

静宜园的样式雷图档是按照功能的不同进行分类的，大致可分为图样和各类通信、文书。虽然卧佛寺并不属于静宜园，但是两处地理位置相近，因而静宜园图档中也收录了卧佛寺的相关图样和文档。

　　全图既可以是全园的全图，也可以是某个景的全图。比如静宜园图档中的《香山全图》（图1）、《静宜园地盘画样全图》（图4），这两幅图样是静宜园全园布局的图样，当然归于全图一类。再比如《香山静宜园内学古堂地盘样》（图5）和《静宜

a　　　　　　　　　　　　　　　　　　　　　　　　　　　　b

图4　静宜园地盘画样全图（a.有贴页；b.翻开贴页）

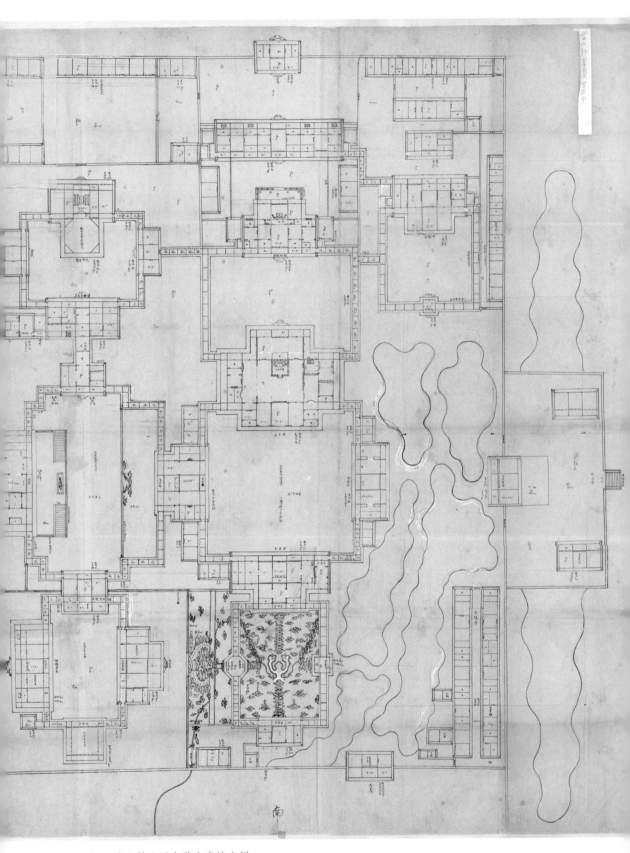

图5 香山静宜园内学古堂地盘样

园致远斋全部地盘样》（图6），前者是静宜园学古堂一景的建造纲要，后者是致远斋的建造图样，都是宏观的、布局性的图样，同样属于全图。这类全图大约占静宜园图档总数的一半多。《香山全图》（图1）和《静宜园地盘画样全图》（图4）中各建筑、景点基本以东宫门买卖街为轴，散布在山岩之间，大体呈现一种对称的分布形式。其中主体建筑群主要集中在东宫门南北两侧，行宫别苑建筑群集中在全图中部和南部，宗教建筑群集中在全图的北部和西部。总体而言，静宜园充分利用了香山秀丽的自然资源，营造选址大多"居岩之层，擅泉之胜"。作为具体一景的图档，《香山静宜园内学古堂地盘样》（图5）以宏观的视角描绘了学古堂的布局。从图档中可以看

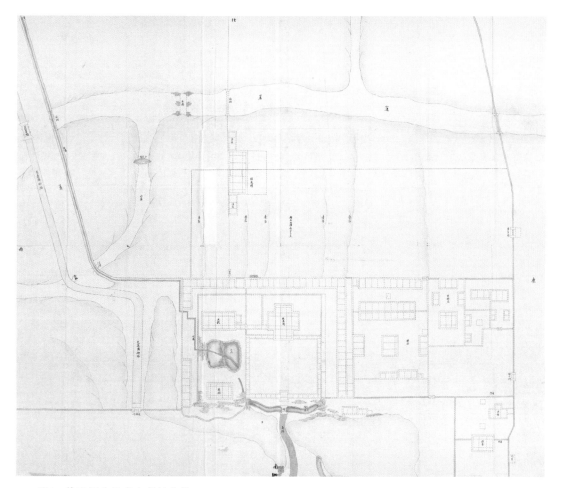

图6　静宜园致远斋全部地盘样

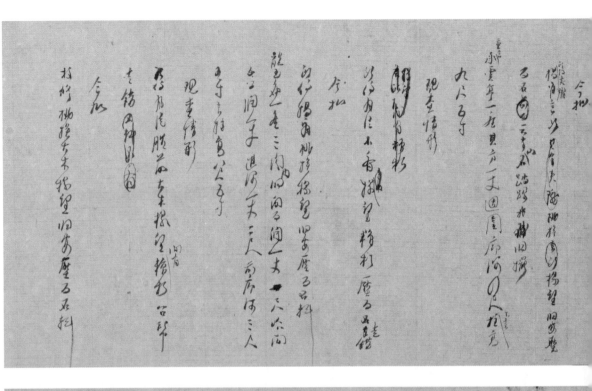

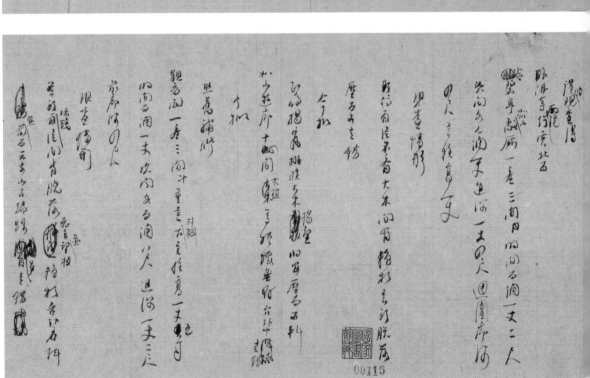

图7　西山卧佛寺行宫做法略节

出，学古堂内明间宽1.36丈，次间各面宽1.13丈，周围廊深5尺，随前抱厦五楹、后抱厦三楹，均进深1.63丈，三面廊各深5尺。《静宜园致远斋全部地盘样》（图6）同样可以清晰看出致远斋的格局：四座院落修建在山路北边，居中便是致远斋。致远斋坐北朝南，面阔五楹，前后抱厦各三楹。斋前有一条半圆形小溪，溪上搭有一座小桥，有甬路通向勤政殿。斋后靠近东墙和北墙建半院游廊，与东院、西院相通。此外，致远斋还西临一院，院前有垒砌的山石，院正中有一座横向的长方形水池，池南为三楹敞厅听雪轩。致远斋东边还有一院，院中有一座正直和平楼。楼东有一座三楹膳房，膳房东侧还有一座小院，为军机处办公地，再往东便是若干值房。

除了这些图样，静宜园样式雷图档还有许多文档，这些文档主要是对各个建筑和景点某个细节建设的说明。比如静宜园文档中的《西山卧佛寺行宫做法略节》（图7），是对西山卧佛寺修建的说明。相似的还有《卧佛寺水道来源略节》（图8），根据记载，卧佛寺水道来源计由五华寺西北角至卧佛寺西大墙，水沟共长

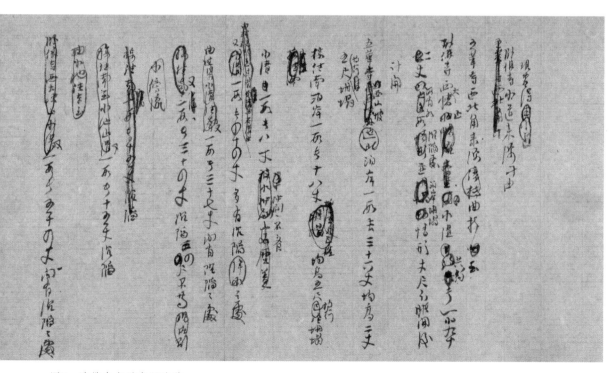

图8　卧佛寺水道来源略节

约192丈。除了对修建进行说明，还有的文档是对建筑的用料和工人人数进行说明，比如《分水龙王庙樱桃沟等处约估物料匠夫总数略节》（图9），就是对修建龙王庙、樱桃沟等地所需建筑原料和工人人数的解释说明。根据这份文档的记载，共需物料豆渣石一百二十六丈八尺六寸、大沙滚砖六千块、白灰七十四万三千八百六十斤等等，共用银一万六千四百十六两八钱六分九厘，壮夫十一万五千九百五十九名。

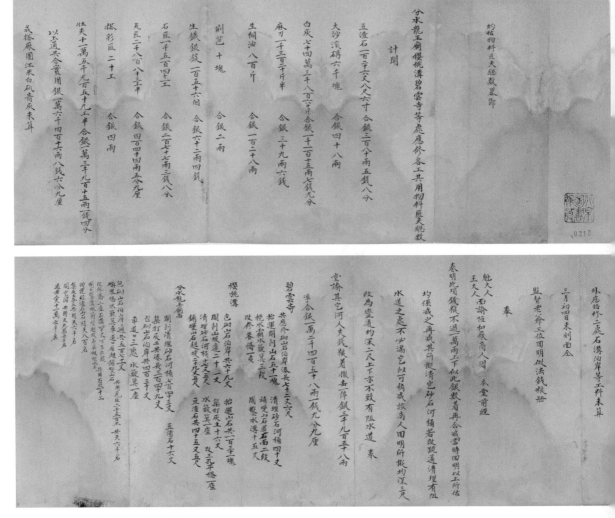

图9 分水龙王庙樱桃沟等处约估物料匠夫总数略节

三、静宜园样式雷图档价值

（一）了解清代园林的装修做法

静宜园样式雷图档最重要、最直接的价值，是它作为清代建筑的第一手史料，对清代园林装修做法的介绍。通过图样的描绘，可以非常直观地了解静宜园全园或是某个景点如何布局及其布局建造的特点。比如通过《静宜园地盘画样全图》（图4），可以了解最原始的静宜园全园布局情况，又如《静宜园致远斋全部地盘样》（图6）等图样，可以清晰地了解致远斋等某一景的布局和规划。

（二）具有艺术价值

同其他样式雷图档一样，静宜园样式雷图档具有无异于任何绘画作品的流畅笔触和精美设色，这使得静宜园图档不仅是一种文献资料，同时也成了具有中国画特色的艺术品，具有独特的艺术价值。

（三）还原景观本来的面貌

因战火、自然灾害之故，清代园林受到了相当大程度的破坏，不少园林建筑如今仅存其遗址，静宜园同样有不少景观被毁。静宜园样式雷图档的存在，让观者能够了解园林本来的面貌，这对静宜园古建筑的复原和修复，都有很大的价值。

静明园

易弘扬

一、静明园概况

（一）地理位置

静明园地处北京西山东麓支脉的玉泉山，玉泉山南北走向，长1300米，东西最宽处达450米，大小共六个峰头。康熙朝开始兴建"三山五园"，"三山"是玉泉山、香山、万寿山；而"五园"中的静明园也坐落于此。《日下旧闻考》卷八十五有载："静明园在玉泉山之阳，园西山势窈深，灵源浚发，奇征趵突，是为玉泉。"由于静明园中山上、山下散布着许多泉眼，其中最大的一眼名为"玉泉"，而且"在山之阳，南又有石崖，崖上刻玉泉二字"，因而静明园所在的山也就被称为"玉泉山"。

（二）园内规模和景点

玉泉山共占地75公顷，其中水域面积为13公顷。早在金代，皇室就已经开始在玉泉山经营皇家园林，金章宗曾在玉泉山修建行宫芙蓉殿。除了修建行宫，史籍上也多次记载金章宗游览玉泉山，《金史》："明昌元年（1190）八月，幸玉泉山。六年四月，幸玉泉山。""承安元年（1196）八月，幸玉泉山。""泰和元年（1201），幸玉泉山。"金章宗评定"燕山八景"时，玉泉山的"玉泉垂虹"也成为其中之一，足见他对玉泉山的喜爱之情。

元明两朝，玉泉山的寺庙和景观得到进一步建设。为保护玉泉山环境，元世祖下令禁止樵采渔弋，并在山上修建了昭化寺，但该寺后不存。据记载，明代时玉泉山还有华严寺、观音庵、望湖亭、吕公洞等景观，明宣宗也曾驻跸望湖亭。明初著名政治家、文学家杨荣曾作《望湖亭》："路傍孤亭颜望湖，湖光非仿临安图。"倪岳有《游玉泉华严寺》:"芙蓉云锁前朝殿,耶律诗存古洞书。"

到了清朝,玉泉山更加受到帝王的青睐,尤其是清圣祖康熙。在静明园的前身澄心园建成之前,康熙皇帝曾多次前往玉泉山行阅:"康熙十二年(1673)……厥后行阅,或卢沟桥,或玉泉山,或多伦诺尔,地无一定,时亦不以三年限也。"《康熙起居注》也有记载,在康熙十四年乙卯闰五月,"初六日癸巳早,上幸玉泉山观禾";十九年,康熙帝下旨于玉泉山原有基础上扩建、修建行宫;二十一年,扩建的行宫初步告成,最初命名为澄心园,"澄心"二字为"心情清静""静心"之意。《文子·上义》有载:"老子曰'凡学者能明于天人之分,通于治乱之本,澄心清意以存之,见其终始,反其虚无,可谓达矣'。"这正是康熙皇帝修建此园的初衷。康熙三十一年,澄心园奉旨更名为"静明园",这是清王朝在北京建立的第一个行宫,也是三山五园皇家园林群修建的起始。关于澄心园更名为静明园,《清史稿》曾有记载:"玉泉山静明园初为澄心园,康熙三十一年更名。"《宸垣识略》也有记载:"静明园在玉泉山下,康熙十九年建,初名澄心,三十一年更今名。""静明"二字出自《庄子·庚桑楚》篇:"正则静,静则明,明则虚,虚则无为而无不为也。"这之后,康熙帝又多次游览玉泉山:"三十一年……九月戊申……上大阅于玉泉山。""三十二年……冬十月壬申……上大阅于玉泉山。"

清乾隆十五年(1750)至十八年曾对静明园又一次进行大规模扩建,增建了玉峰塔等景观,并且在扩建过程中引进了江南园林的建筑风格,最终形成"静明园十六景",这也是静明园最为鼎盛的时期。静明园十六景分别是:廓然大公、芙蓉晴照、玉泉趵突、竹炉山房、圣因综绘、绣壁诗态、溪田课耕、清凉禅窟、采香云径、峡雪琴音、玉峰塔影、风篁清听、镜影涵虚、裂帛湖光、云外钟声、翠云嘉荫。

(三)自然景观

作为一个以泉水闻名的皇家园林,"水"是静明园的灵魂,也是众多景观的核心要素,从《静明园内全部河流桥座丈尺图》(图1)可以看出,静明园内水系十分丰富。

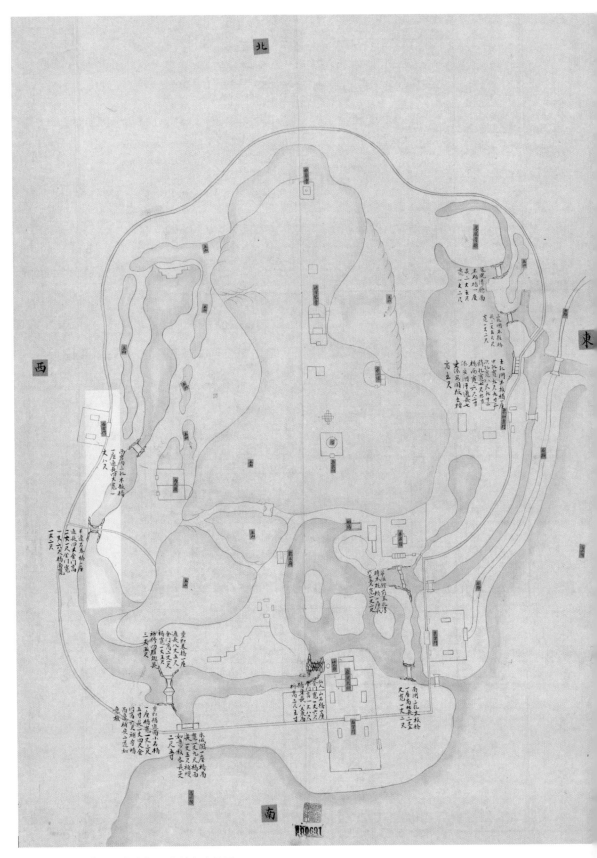

图1　静明园内全部河流桥座丈尺图

玉泉山中的"玉泉"位于山的东南山麓，称为玉泉池、玉泉湖，简称玉湖。玉湖是静明园最大的一座湖，"泉出石罅，潴而为池，广三丈许，水清而碧；细石流沙，绿藻紫荇，一一可辨"。

玉泉趵突不仅是静明园十六景之一，也是燕山八景之一，旧称"玉泉垂虹"。关于新旧名称的比较，无论是乾隆本人还是《日下旧闻考》，均认为玉泉趵突的名称更为合适："燕山八景目以垂虹者谬也。""第垂虹以拟瀑泉则可，若玉泉则从山根仰出，喷薄如珠，实与趵突之义允合。"玉泉湖近旁有石碑两通，左侧石碑刊刻有"天下第一泉"，右侧刊刻有乾隆御制《玉泉山天下第一泉记》，碑文由军机大臣汪由敦书写。两通石碑上的石台又立有两块石碣，左侧石碣刊刻有"玉泉趵突"四字，右勒乾隆十六年闰五月二十九日上谕一通。上谕的主要内容一是强调玉泉"天下第一泉"的地位，二是下令按照黑龙潭的规格在玉泉附近修建一座龙王庙。建成后的龙王庙匾额为乾隆御书"永泽皇畿"。

静明园十六景之一的裂帛湖光指的是裂帛湖畔的美景。裂帛湖位于玉泉山东麓、玉泉湖的东北方。据《帝京景物略》记载，裂帛湖的名称乃是因为这片湖状如裂帛："山根碎石卓卓，泉亦碎而涌流，声短短不属，杂然难静听，絮如语。去山不数武，遂湖，裂帛湖也。泉进湖底，伏如练帛，裂而珠之，直弹湖面，涣然合于湖。"裂帛湖水经东垣注入玉河，最后汇聚至昆明湖。裂帛湖后为清音斋，清音斋上有康熙御书匾额。裂帛湖岸边则设置有织局，有类江南风景。

溪田课耕位于玉泉山南麓西部，在水城关以西的园墙之内，为一片河泡和稻田："园内自垂虹桥以西，滨河皆水田。"据《谨拟静明园内溪田课耕图样》（图2）记载，溪田课耕内有"殿一座三间，各面宽一丈，进深一丈四尺；前后廊深各四尺；小檐柱高一丈；台明高一尺二寸"。殿内藏有《御定历代题画诗类》《兰州纪略》等书。乾隆自称修建这些殿宇并非为了享乐，而是为了关心农事，"每过辄与田翁课晴量雨"，"四海吾方寸，悠哉望岁情"。溪田课耕以西有一进珠泉，因泉水"错落倾来万斛珠"，"夜深仿佛见鲛人"而得名。据相关资料记载，直至20世纪50年代，进珠泉的流量依然有每秒0.06—1.15立方米。

峡雪琴音位于玉泉山顶峰北坡。从《玉泉山招鹤亭、峡雪琴音开盘山路立样》

图2　谨拟静明园内溪田课耕图样

（图3）看，从山下有一条蜿蜒的开山道一直连接到山顶。从北坡下行，迎面是一堵看面墙，墙中间有一座门罩，面宽一丈，进深一丈一尺。进门后正房是五楹殿堂，东厢房五间，西侧有两座平台，分别为两间和三间。正殿悬"峡雪琴音"匾额，殿内悬"丽瞩轩"匾额。从穿堂来到后院，正中有一个大型山池，东西长五丈余，南北宽三丈。乾隆在《峡雪琴音》诗序中记载道："山巅涌泉潺潺，石峡中晴雪飞洒，琅然清圆，其醉翁操耶！"这也是峡雪琴音名称的由来。

图3 玉泉山招鹤亭、峡雪琴音开盘山路立样

二、静明园样式雷图档概况

同静宜园一样，静明园的样式雷图档也可以按照功能的不同进行分类，大致可分为全图、局部图和各类通信、文书。

《静明园内全部河流桥座丈尺图》（图1）是一张全图，描绘的是静明园内全部河流和桥梁的图样。从这幅图可以大致了解静明园内桥梁的搭建布局和河流的走势。同时，图上对所有桥梁都标注了说明信息，这为了解当时桥梁的形制提供了真实准确的数据。譬如西宫门旁的木板桥，长四丈，宽一丈八尺。此桥往南是一座石券桥，通长四丈，桥孔高二丈一尺、宽一丈六尺，桥面宽一丈二尺。再比如《谨拟静明园内溪田课耕图样》（图2），描绘的是静明园内一景——溪田课耕的整体图样。溪田课耕内建有一座课耕轩，据图档记载："溪田课耕殿一座三间，各面宽一丈，进深一丈四尺。前后廊深各四尺，小檐柱高一丈，台明高一丈二尺。"课耕轩背倚玉泉山，山坡砌满点景山石，东北和西南院墙外各建三间值房。

有别于总图的宏观布局，局部图是园内某个具体建筑的图样。比如《玉泉山第一凉楼房立样》（图4），是描绘第一凉楼房这个单体建筑的图样。又如《玉泉山龙王殿大木立样》（图5），是描绘具体建筑玉泉山龙王殿的图样，上面还标注了该殿

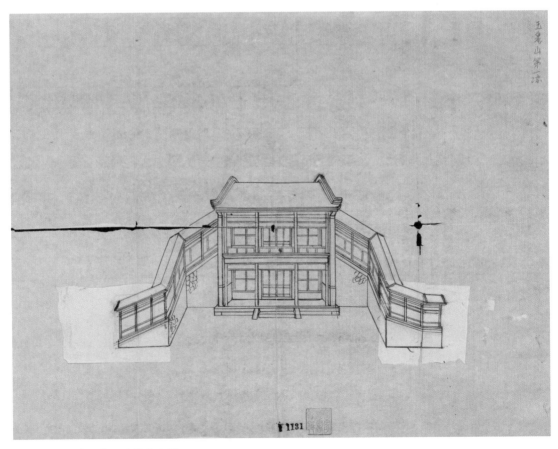

图4　玉泉山第一凉楼房立样

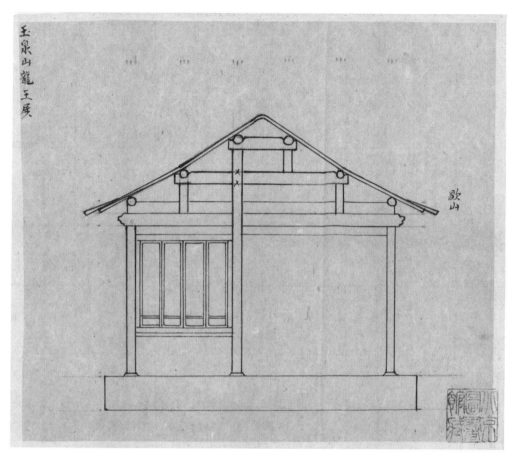

图5　玉泉山龙王殿大木立样

的屋顶形式为歇山顶。而乾隆年间张若澄绘制的玉泉趵突图中多为一殿一卷歇山顶，同龙王殿歇山顶样式不同。根据相关档案记载，龙王殿曾在同治年间进行过修复。19世纪60年代之后的影像资料中，龙王殿为硬山顶，可能是修复过程中进行了改造。因而推断，《玉泉山龙王殿大木立样》可能出自同治年间。

　　除了这些图样，静明园样式雷图档中还有对各个建筑和景点建设的说明。做法销册是静明园修建过程中各种建筑所需建材的材料清单。比如《静明园采香云径北面四方亭一座揭瓦丈尺做法销册》（图6），这个文档记录了修建采香云径四方亭所需的材料，据其记载，修建四方亭需要拆换老角梁四根各长八尺二寸五分，梓角梁四根各长九尺二寸，俱宽六寸，等等。

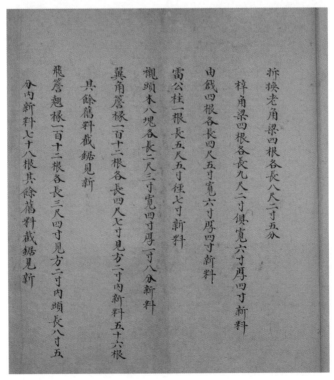

图6 静明园采香云径北面四方亭一座揭瓦丈尺做法销册

三、静明园样式雷图档的价值

（一）历史文献价值

静明园于清末两次遭到焚毁，目前只留下残缺的建筑遗址，静明园样式雷图档是认识这些建筑的珍贵资料，对于我们了解静明园的原貌有非常重要的价值。如《静明园内全部河流桥座丈尺图》，可以帮助我们了解当时静明园内河流走向和桥梁布局，甚至可以为以后恢复和重建静明园的景致提供文献帮助。

（二）文物价值

作为流传下来的有价值的物质遗存，静明园图档具有独一无二的特性，其规模在世界范围内也是绝无仅有的，是清代匠人智慧的结晶，具有相应的文物价值。

颐和园

翁莹芳

北京西郊自辽、金以来即为风景名胜之区，历代王朝皆在此营建行宫别苑，至清代康乾时期达到鼎盛。三山五园是西郊一带皇家园林的总称，其中最后兴建的一座园林是颐和园。这是一座以万寿山和昆明湖为基础，以杭州西湖为蓝本，汲取江南园林设计手法而建成的大型皇家山水园林。颐和园和其他清代皇家建筑一样，都和样式雷有着千丝万缕的联系。

一、颐和园概况

清乾隆十五年（1750），乾隆皇帝为了筹备其母崇庆皇太后的六十大寿，开始修建清漪园，这便是颐和园的前身。咸丰十年（1860），清漪园被英法联军焚毁。光绪十四年（1888），清漪园得以重建，改称颐和园。光绪二十六年（1900），颐和园又遭八国联军破坏，园内珍宝被劫一空。1961年，颐和园被公布为第一批全国重点文物保护单位，与同时公布的承德避暑山庄、拙政园、留园并称为"中国四大名园"。1998年，颐和园被列入《世界遗产名录》。

（一）地理位置

北京西北郊原有瓮山，属燕山余脉，山下有湖，称七里泺、大泊湖、瓮山泊或西湖。金代曾在此设置金山行宫。元朝定都北京后，郭守敬开辟上游水源，引昌平白浮村神山泉水及沿途流水注入湖中，使水势增大，成为保障宫廷用水和接济漕运的蓄水库。明清时期，瓮山周围的园林逐渐增多，耗水量也与日俱增。乾隆继位之前，此处有四座自成体系的大型皇家园林，中间的西湖是一片空旷之地。乾隆十五年，为了筹备其母寿辰，乾隆以治理京西水系为由，下令拓挖西湖，拦截西山、玉泉山、寿安山来水，并在西湖西边开挖高水湖和养水湖，以此三湖作为蓄水库，保证宫廷园林用水，并为周围农田提供灌溉用水。为了效仿汉武帝挖昆明池操练水军，乾隆将西湖更名为昆明湖；挖湖土方堆筑于湖北的瓮山，又将瓮山改名为万寿山。乾隆二十九年（1764），清漪园建成。清漪园把两边的四个园子连成一体，形成了从现在的清华园到香山长达20公里的皇家园林区。

（二）园林规模

中国皇家园林最大的特色当属规模宏大，颐和园也不例外。颐和园包括万寿山和昆明湖两大部分，园内山大、水大、建筑物数量多且体量大。鼎盛时期，园子占地面积达293公顷，其中水面占了四分之三。园内建筑以佛香阁为中心，园中有景点建筑百余座、大小院落20余处，亭、台、楼、阁、廊、榭等不同形式的建筑3000余间，古树名木1600余株。万寿山下的长廊长700多米，号称"世界第一廊"，光是长廊枋梁上的彩画就有8000多幅。水面上桥梁众多，有著名的十七孔桥、西堤六桥等，至今尚有近20座桥留存。

颐和园历经几次重建和修复，虽然后期有个别建筑稍逊于清漪园时期，但总体上还是沿用了乾隆年间的规划和布局。作为我国保存最完整的一座皇家行宫苑囿，颐和园也被誉为"皇家园林博物馆"。

（三）园林景点

按照使用功能区分，颐和园大致可以分为行政、生活、游览三个区域。以仁寿殿为中心的行政活动区，是当年慈禧太后和光绪皇帝坐朝听政、会见外宾的地方。以乐寿堂、玉澜堂和宜芸馆为主体的生活居住区，分别是慈禧、光绪和后妃们居住的地方。这两个区域主要集中在东宫门附近。

以万寿山和昆明湖等组成的风景游览区自然集中在万寿山和昆明湖周围。自万寿山顶的智慧海向下，前山有佛香阁、德辉殿、排云殿、排云门、云辉玉宇牌楼，构成了一条层次分明的中轴线。山下是长廊，长廊前是昆明湖。前山中轴线两侧有转轮藏、宝云阁、介寿堂、清华轩、写秋轩、意迟云在、无尽意轩、养云轩、福荫轩、景福阁、云松巢、听鹂馆、贵寿无极等点景建筑。万寿山后山、后湖古木成林。后山中轴线上有香岩宗印之阁、须弥灵境等，点景建筑有眺远斋、澹静堂、澹宁堂、花承阁、味闲斋、清可轩、构虚轩、绘芳堂等。后湖东端有谐趣园和南花园。颐和园内有六座城关，分别是文昌阁、宿云檐、寅辉城关、通云城关、紫气东来和千峰彩翠。

众多建筑和景点构成了颐和园的主要内容，同时也显示了颐和园布局的整体脉络，主次分明。这样的布局形式不仅和原有地形圆满契合，也成就了园林的使用功能。

（四）建筑特征

在园林艺术方面，颐和园整体构思巧妙，既彰显了中国皇家园林的恢宏富丽之势，又充满自然之趣，是中国古典园林中实践"虽由人作，宛自天开"造园准则的典范。

1.山水结合

山水是中国古典园林必不可少的元素。在清代各个皇家园林建筑中，将山水发挥到极致的，首推颐和园。首先，清漪园是在瓮山和西湖的基础上修建而成，最初地形已有山有水，造园完全利用自然山水，而非人工凿造。其次，在之后的一系列整治中，山和水更是实现了相互依托、完美结合。最后，造园与水利工程无缝衔接。

在北山南水的基础格局之上，昆明湖湖面经过开拓、改造后，构成了山嵌水抱的形势，万寿山仿佛脱出于水面的岛山。湖面往北拓展直抵万寿山南麓，绕过万寿山西麓后分出两条支渠。一条往北延伸，通过青龙桥沿着元代白浮堰引水故道与北面的清河相接；一条兜转而东，沿北麓把原先的零星小河泡连成了一条河道，唤作后溪河。高水湖和养水湖与昆明湖相邻，以河堤为界。

西山、香山、寿安山一带的大小山泉和涧水通过石渡槽导入玉泉山水系，再通过玉河汇入昆明湖这一蓄水池，形成了"玉泉山—玉河—昆明湖—长河"这样一个可以控制调节的供水系统。这个供水系统大大补给了通惠河上源，保证了农田灌溉和园林用水；同时还创设了一条由西直门直达玉泉山静明园的长达十余公里的皇家专用水上游览路线。

2.移天缩地

近代学者王闿运《圆明园词》中有一句"谁道江南风景佳，移天缩地在君怀"。"移天缩地"是指江南的名园名胜被移植到北方的皇家园林中。这句诗不但可以形容圆明园，同样也适用于颐和园。

中国古代有"一池三山"的造园手法，清漪园在初建时期即秉承了这一造园思想。昆明湖及其西侧的西湖和南湖内分别建成了南湖岛、团城岛和藻鉴堂岛这三个小岛，代表着传说中的东海三仙山——蓬莱、方丈和瀛洲。

清漪园的总体规划是以杭州西湖为蓝本，同时广泛仿建江南园林及山水名胜。万寿山昆明湖与西湖的基础格局同为北山南水，昆明湖西堤及堤上六桥正是仿照了西湖的苏堤和苏堤六桥。昆明湖南端的圆形小岛凤凰墩仿照了无锡运河中的黄埠墩。昆明湖西堤南端练桥和柳桥之间的景明楼仿照了洞庭湖畔的岳阳楼，"景明"二字也是出自范仲淹《岳阳楼记》中的"春和景明，波澜不惊"一句。南湖岛上的望蟾阁高三层，仿照了武昌蛇山之巅的黄鹤楼。颐和园东北角的谐趣园仿照了无锡惠山脚下的寄畅园，它在清漪园时期的原名即为惠山园。清漪园后溪河上的买卖街参考了江南地区常见的一水二街形式，据说是乾隆皇帝游历苏州七里山塘街后下令仿造的街市。西宫门内买卖街则是仿照了扬州廿四桥，据说原来的店铺面积比后溪河买卖街还要大上许多。

3.布局精巧

颐和园空间布局的精巧体现在内置和外延两个方面。在实际内部空间方面，颐和园除了靠近东宫门的宫殿区以外，还划分了以南湖岛为中心的昆明湖景区、万寿山前山景区和后山景区。这几处景区各有特点，别具匠心。因此，尽管整个园林面积宏大，但并不会重复和凌乱，而是层次分明、各有千秋。

任何园林的空间都有边界，而颐和园巧妙地利用借景手法实现了空间的延伸。例如，站在知春亭向西远眺，山水一色不可辨认，近处稍稍清晰，远处烟雾朦胧，这就是所谓的"水之三远"。知春亭作为观赏全园景色的最佳位置之一，既可以看到万寿山一带华丽、气派的景色，也可以远眺西堤感受杨柳飘飘的自然之美，同时还可以看到远处玉峰塔和玉泉山若隐若现的旷远景致。这样，以园外的西山群峰为背景，玉泉山上的宝塔被纳入全园画面之中，更让人感受到山外有山、景外有景，景致变幻、美不胜收。

颐和园内处处可以感受到科学性与艺术性的结合，例如著名的十七孔桥，桥面呈长长的曲线横跨在广阔的昆明湖上，桥如虹、水如空，既宜远观，又宜近赏。此外，桥对于周围环境的构景功能也十分显著。颐和园的景观独具特色，自然之美与人工之美结合得恰到好处。

二、颐和园样式雷图档概况

清代样式房是"负责宫室、苑囿、陵墓等修造的工程部……主要的职务是设计，其重要工作内容包括制作建筑设计图即'画样'、建筑模型即'烫样'以及设计说明即'工程做法'，钦准后支取工料银两，招商承修"。因此，样式雷图主要记录了园林、宫苑等的勘察、规划、设计、施工、内部装修、家具制作等传统建筑的方方面面；样式雷档如工程做法册、工程略节以及日记、信函、账单等，从正面或侧面反映和补充了皇家建筑工程的各个方面。

清漪园的始建、辉煌与颐和园的重建，都有样式雷家族成员直接或间接地参与其中。乾隆十五年，清漪园始建。时年22岁的第三代样式雷——雷声澂正供职于样式房，极有可能参与了清漪园的建设。但是雷声澂幼年丧父，并未接受来自家族的技艺传承，因此很有可能并未发挥很大的作用，且也未见任何文字记载。此后，以雷家玺为首的第四代样式雷、以雷景修为首的第五代样式雷、以雷思起为首的第六代样式雷、以雷廷昌为首的第七代样式雷以及以雷献彩为首的第八代样式雷都参与或主持了颐和园相关工程的设计和修建工作。其中，与国家图书馆藏颐和园图档相关的重要雷氏成员是第五代雷景修和第七代雷廷昌。

从今人眼光来看，雷景修最大的贡献是开始系统收集整理和收藏工程图档。

"景修一生中，工作最勤。家中裒集图稿、烫样模型甚伙，筑室三楹为储藏之所。"这或许和雷景修早年的际遇有关。嘉庆八年（1803），年仅16岁的雷景修就开始随父亲雷家玺到圆明园样式房正式学习技艺。道光五年（1825），雷家玺去世，他留下遗嘱，其子尚幼恐难担大任，将样式房掌案一职让与郭九。雷景修努力学习家传技艺，终于在咸丰二年（1852）郭九逝世后重新执掌样式房。或许他因此意识到每日接触的图档对于家族技艺传承的重要性，由此开始有意识地在家中收藏图档。正因为雷景修的这一举动，今天的我们才有机会看到一二百年前的珍贵皇家建筑图档。

雷廷昌是重修颐和园工程的主持者。此前，他曾协助父亲雷思起完成同治年间重修圆明园的勘察工作。"光绪三年，惠陵金券合龙，隆恩殿上梁，廷昌适供差样式房。以候选大理寺丞列保赏加员外郎衔。"因此，身为样式房掌案的雷廷昌是主持重修颐和园的不二人选。

据有关学者调查，除国家图书馆以外，目前中国第一历史档案馆收藏有颐和园相关样式雷图档70余件，故宫博物院图书馆收藏有60余件，此外，中国国家博物馆、清华大学、中国人民大学、中国科学院图书馆、日本东京大学东洋文化研究所、法国吉美博物馆等国内外机构也存有少量相关图档。国家图书馆作为收藏样式雷图档最丰富的机构，目前明确为颐和园图档的约有800件。

（一）图样类型

1.总图

此处总图是指涉及颐和园全园以及全部万寿山或昆明湖的图样，大致分为三类。一类是颐和园全园图，如《清漪园地盘画样》（图1）、《清漪园河道地盘样》（图2）、《万寿山全图》（图3）等；一类是万寿山图，如《万寿山颐和园中御路添盖房间准底样》（图4）、《万寿山后山中路全部地盘样》（图5）等；一类是昆明湖图，如《昆明湖挖船道路线丈尺细图》（图6）等。

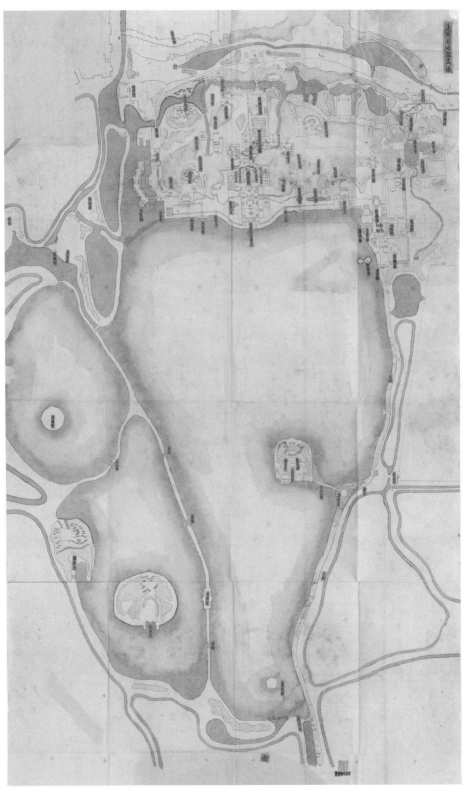

图1 清漪园地盘画样

图2　清漪园河道地盘样

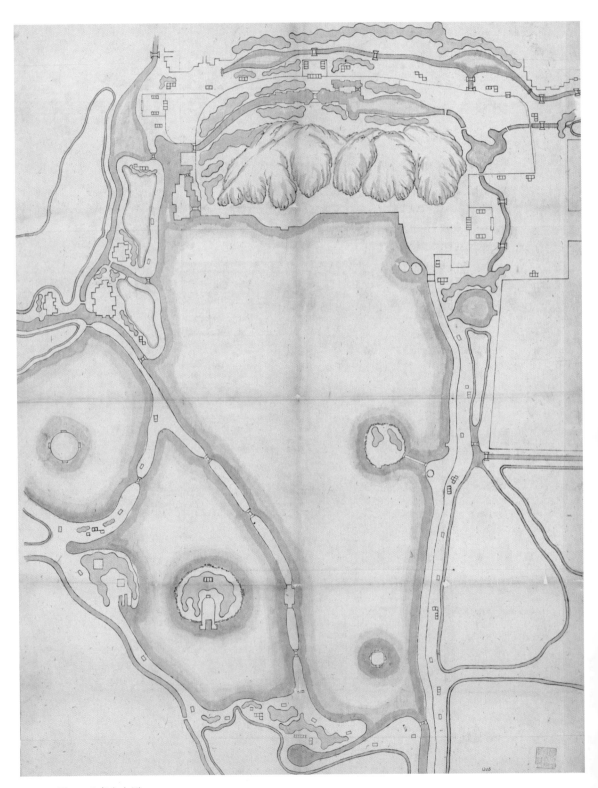

图3 万寿山全图

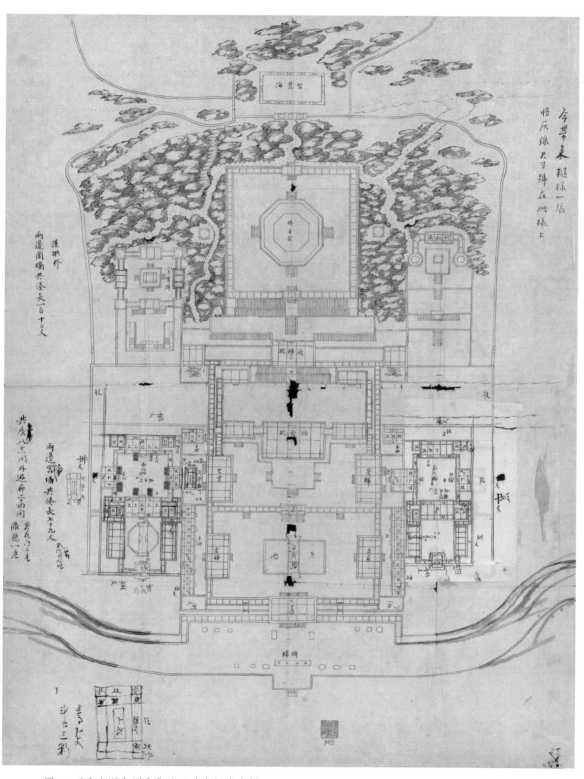

图4　万寿山颐和园中御路添盖房间准底样

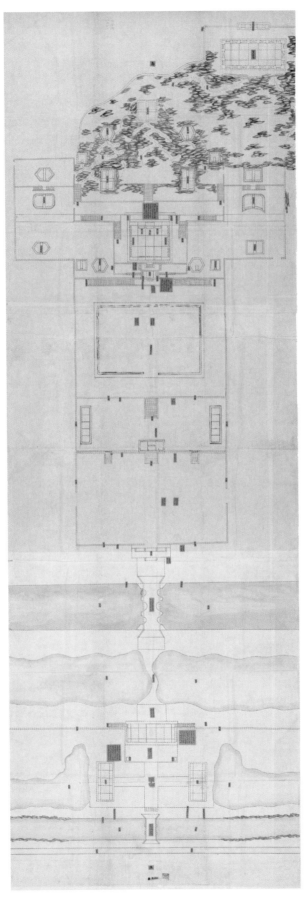

图5 万寿山后山中路
全部地盘样

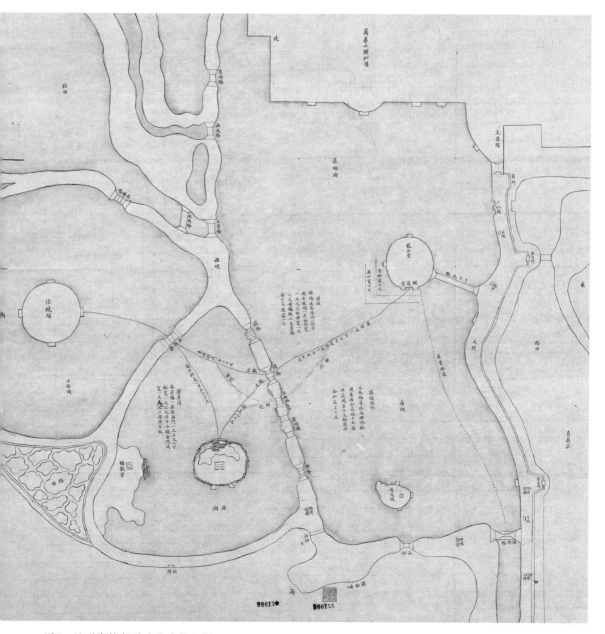

图6　昆明湖挖船道路线丈尺细图

2.景点图

景点图是指涉及颐和园内某一建筑或建筑群的图样。与颐和园相关的样式雷图中，以这类景点图居多，几乎囊括了颐和园中所有的景点建筑。景点图按建筑物类型大致分为两类。一类是殿宇图，如《万寿山颐和园内听鹂馆接修扮戏房图样改准底》（图7）、《谨拟建修怡春堂内三重檐大戏台看戏楼殿宇房间地盘画样》（图8）、

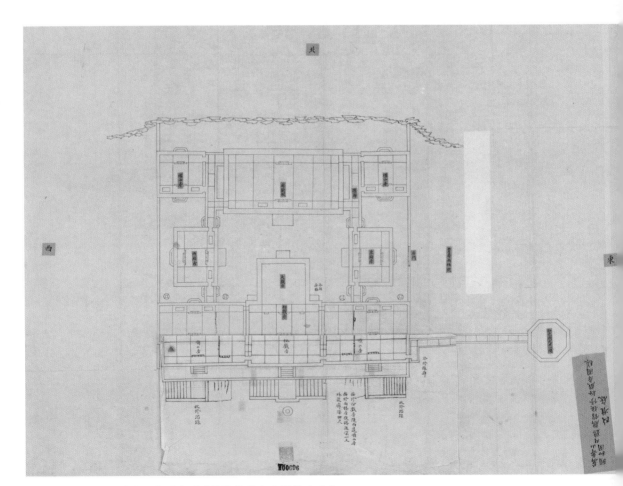

图7 万寿山颐和园内听鹂馆接修扮戏房图样改准底

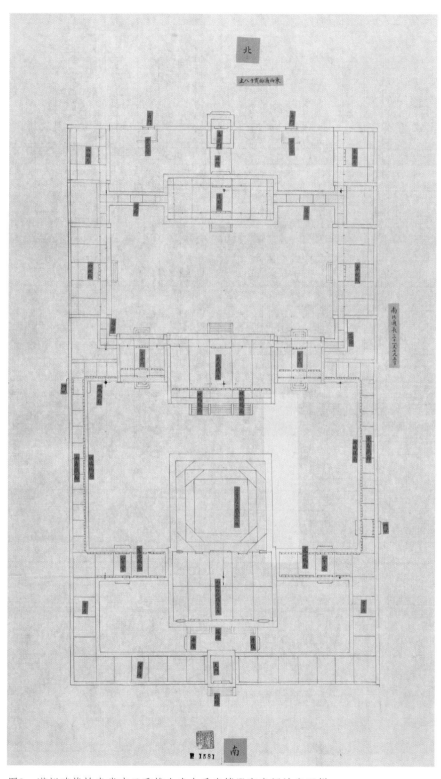

图8 谨拟建修怡春堂内三重檐大戏台看戏楼殿宇房间地盘画样

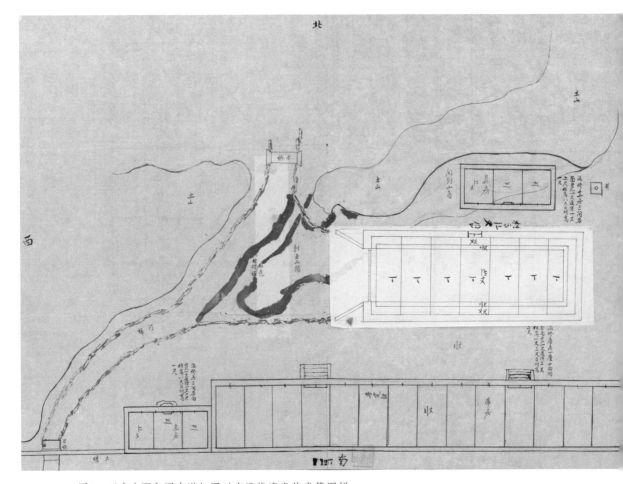

图9　万寿山颐和园内谐趣园以南添修库房值房等图样

《万寿山颐和园内谐趣园以南添修库房值房等图样》（图9）等。一类是桥、亭等建筑图，如《颐和园内西堤草亭立样》（图10）、《豳风桥以南五方草亭立样》（图11）等。从展示建筑物的角度来区分，景点图又可分为平面图和立面图，如《颐和园内听鹂馆地盘平样》（图12）、《颐和园听鹂馆地盘立样》（图13）等。

3.装修图

中国传统建筑装修包括外檐装修和内檐装修两部分，本文所指的装修图则包括外檐装修、内檐装修、室内陈设、室外陈设等。外檐装修一般指门、窗、栏杆等，

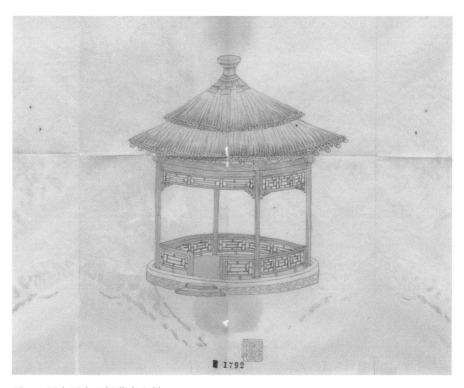

图10　颐和园内西堤草亭立样

图11　豳风桥以南五方草亭立样

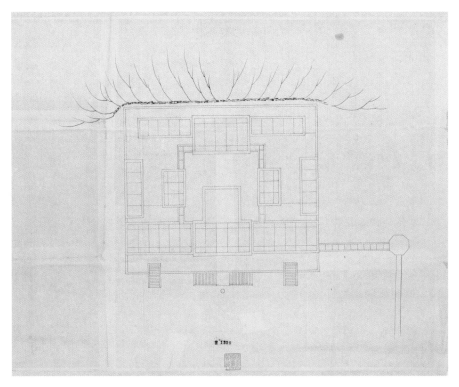

图12　颐和园内听鹂馆地盘平样

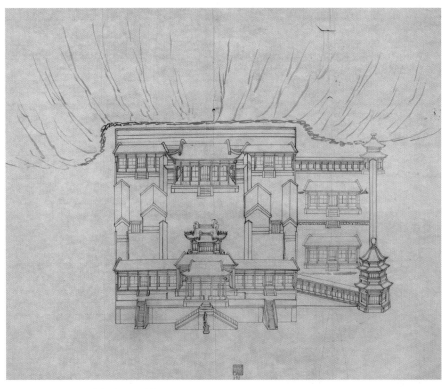

图13　颐和园听鹂馆地盘立样

如《仁寿殿改安外檐装修图样》（图14）等。内檐装修一般指各种室内隔断，如《写秋轩添安内檐装修图样》（图15）等。室内陈设包括各种家具，如《颐乐殿内围屏宝

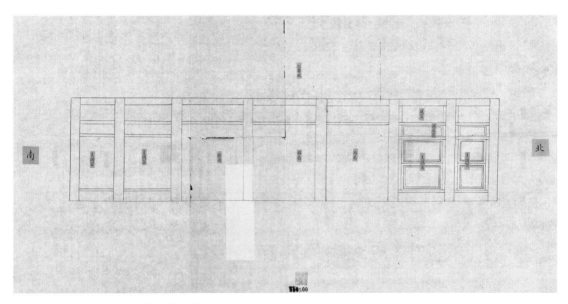

图14　仁寿殿改安外檐装修图样

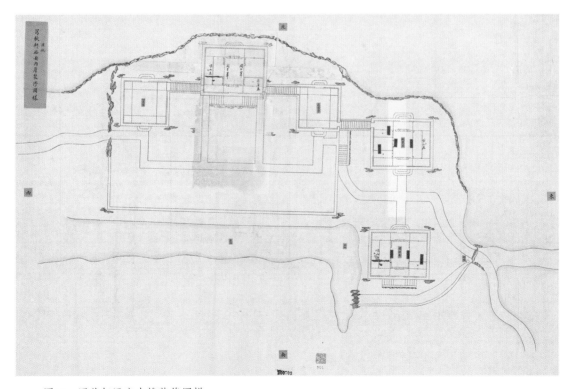

图15　写秋轩添安内檐装修图样

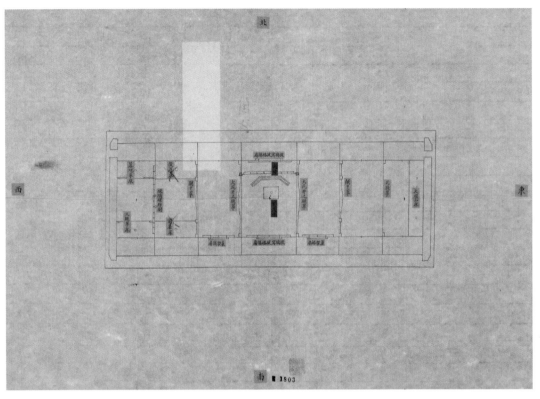

图16　颐乐殿内围屏宝座床图样

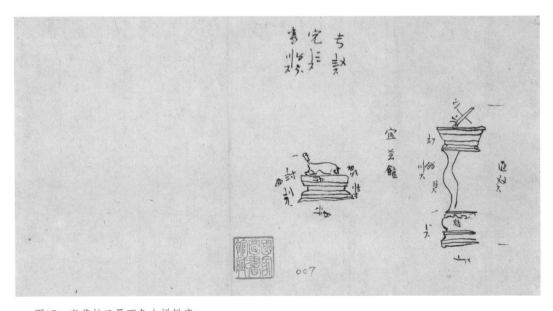

图17　宜芸馆日晷石龟立样糙底

座床图样》（图16）等。室外陈设图有《宜芸馆日晷石龟立样糙底》（图17）等。从
展示建筑物的角度来区分，装修图也可分为平面图和立面图，如《写秋轩添安内檐
装修图样》（图15）、《颐和园涵远堂内檐装修栏杆罩立样》（图18）等。

图18　颐和园涵远堂内檐装修栏杆罩立样

（二）图样内容

与颐和园相关的样式雷图档内容丰富，涉及旧址勘察、建筑设计、做法说明、山石设计、游船设计、点景设计等，体现了雷氏家族参与颐和园工程的方方面面。数量最多的是东宫门外建筑群，总计有一百余幅图样。因为慈禧晚年在颐和园长期居住并处理政务，东宫门外是衙署聚集地，故修缮、新建较多。在颐和园内，现有图样较多的景点有畅观堂、听鹂馆和贵寿无极建筑群、谐趣园和霁清轩建筑群、治镜阁等。

1.畅观堂

国图现存畅观堂图样总计40种。畅观堂是一组仿杭州西湖"蕉石鸣琴"景点而修的建筑群，位于颐和园西南隅、昆明湖西岸的山坡上，由正殿畅观堂、东西配殿、转角廊、西南八角重檐亭、东南单檐六角亭以及山脚下的怀新书屋和睇佳榭组成，是园内西南部重要的景观建筑群。畅观堂地势高耸，俯视芦苇稻畦，水鸟追逐，宛如江南水乡，和园中其他景观迥然不同。畅观堂同样毁于1860年，光绪时得以重修，但是缩减了规模。

国图藏畅观堂相关样式雷图样有《颐和园内南湖畅观堂地盘尺寸样》（图19）、《颐和园内畅观堂添修泊岸宇墙改修山道图样》（图20）、《颐和园内畅观堂内檐装修图样》（图21）等。现存畅观堂图样尽管数量较多，但是大多相似，展示内容比较单一。

2.听鹂馆和贵寿无极建筑群

国图现存听鹂馆和贵寿无极图样总计33种，其中听鹂馆19种、贵寿无极14种。贵寿无极另有文档8种。听鹂馆，借黄鹂鸣叫寓意戏曲、音乐之动听而得名，原是清漪园内唯一一处供帝后娱乐的场所。慈禧酷爱看戏，因此听鹂馆在光绪年间得到精心修缮。听鹂馆重建于光绪十四年至十九年，慈禧亲自题写匾额"听鹂馆"。而后，这里成为慈禧宴请外国使臣，和宠臣、妃嫔们看戏、听曲、饮宴的场所。贵寿无极位于听鹂馆以东，始建于光绪年间。因此这两处保存下来的图档较多。

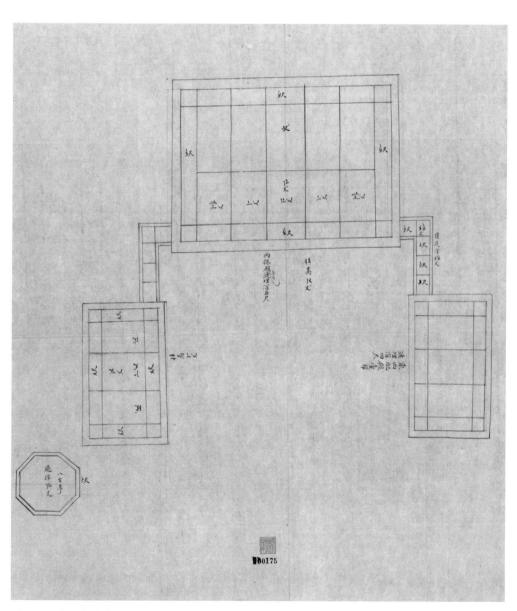

图19　颐和园内南湖畅观堂地盘尺寸样

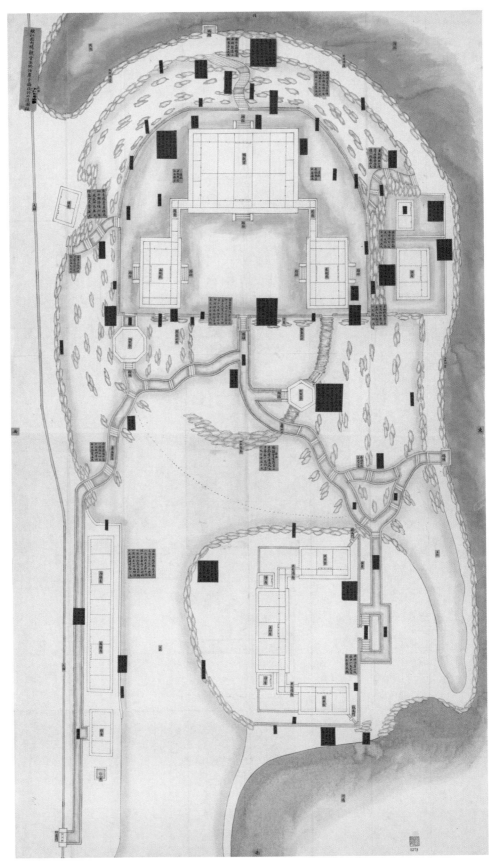

图20 颐和园内畅观堂添修泊岸宇墙改修山道图样

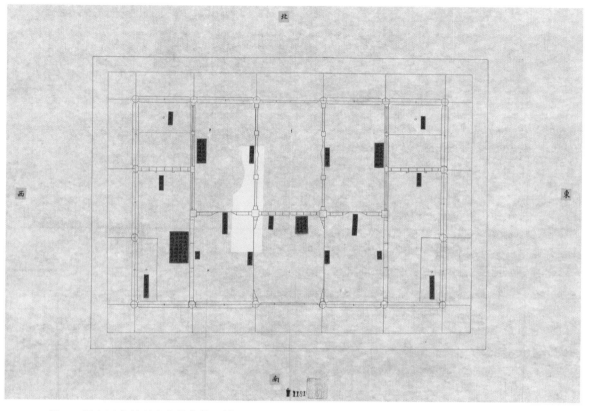

图21　颐和园内畅观堂内檐装修图样

　　国图藏听鹂馆和贵寿无极相关样式雷图样有《万寿山颐和园内听鹂馆改修看戏殿戏台图样》（图22）、《颐和园听鹂馆各座添安内檐装修图样》（图23）等。

　　3.谐趣园和霁清轩建筑群

　　国图现存谐趣园和霁清轩图样总计33种，其中谐趣园29种、霁清轩4种。谐趣园和霁清轩在乾隆时期是一个园子，原名惠山园，仿无锡惠山脚下的寄畅园建造而成。嘉庆时期，惠山园得到改造和扩建，被分割成南北两园，分别得名谐趣园和霁清轩。谐趣园位于颐和园东北角、万寿山东麓，由于它小巧玲珑，在颐和园中自成一局，故有"园中之园"之称，1860年被英法联军烧毁后，光绪十八年得以重建，也就是

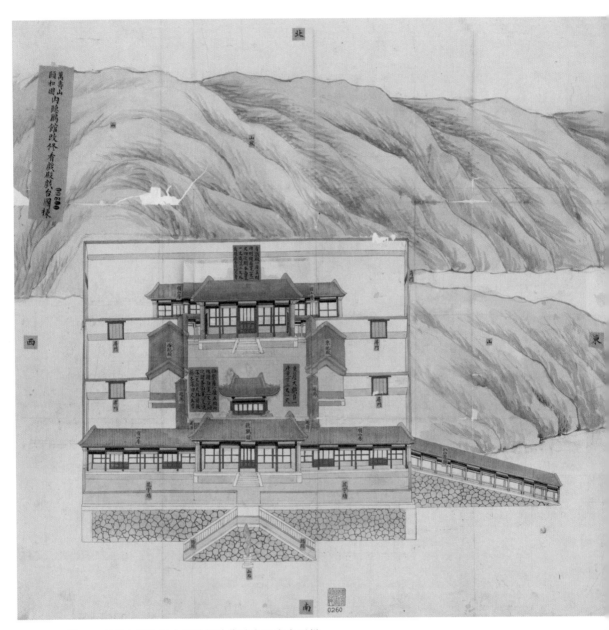

图22 万寿山颐和园内听鹂馆改修看戏殿戏台图样

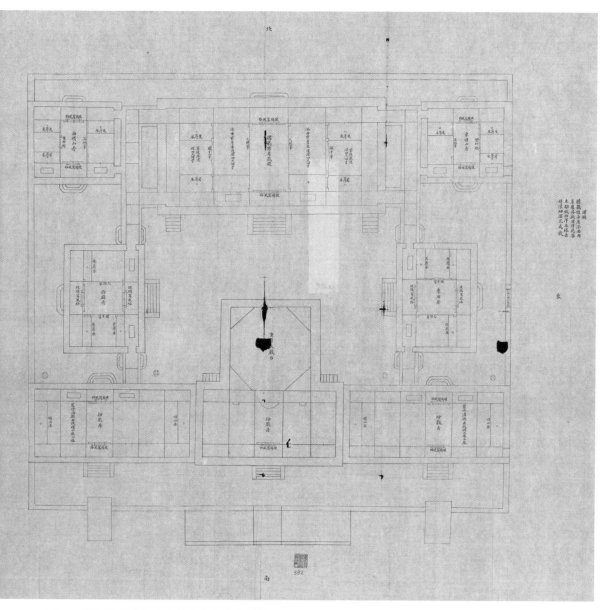

图23　颐和园听鹂馆各座添安内檐装修图样

我们今天看到的园子。慈禧太后每次看戏后便来谐趣园休息或钓鱼。

　　国图藏谐趣园和霁清轩相关样式雷图样有《谐趣园全图添修桥座开挖河桶船坞等图样》（图24）、《知春堂一座添安内檐装修图样》（图25）等。

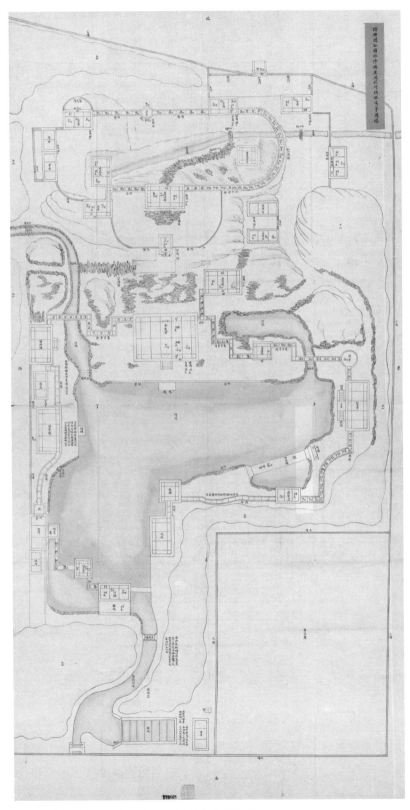

图24 谐趣园全图添修桥座开挖河桶船坞等图样

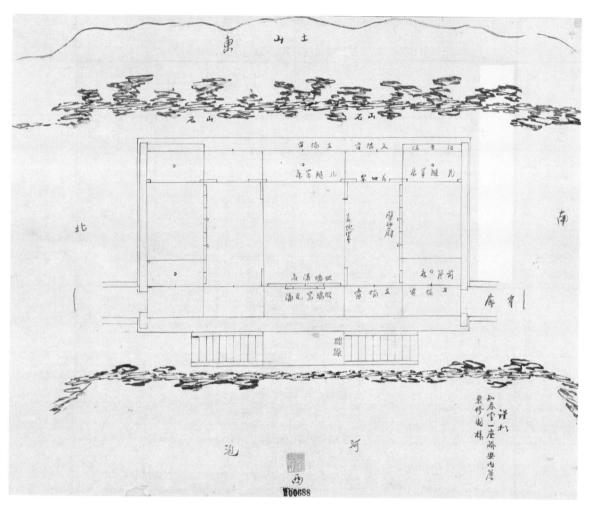

图25　知春堂一座添安内檐装修图样

4.治镜阁

国图现存治镜阁图样总计26种，另有文档2种。治镜阁岛是昆明湖中三座大岛之一，是一座圆形的水上城楼。最初的治镜阁与万寿山上的佛香阁、南湖岛上的望蟾阁三阁鼎立，是整个园林的三个制高点。同时，作为清漪园西部最突出的建筑，治镜阁丰富了从颐和园到玉泉山和香山的景观层次，是清漪园中最重要的建筑之一。

1860年，治镜阁虽然幸免于火，但也随着清漪园的废弃而日益破败。颐和园重修时，由于财力匮乏，治镜阁不仅没有得以重建，还被拆下部分木石构件，用于营建园内其他建筑，因此彻底废弃。从国图馆藏来看，大部分图样为糙底，绝大部分图样没有拟定题名，并无"添安""拟建""装修"等字样。可见，治镜阁在颐和园重修时的确未被纳入修缮范围。

相关图样有《治镜阁圆城立样》（图26）等。

图26 治镜阁圆城立样

（三）文档类型和内容

在国图收藏的将近15000件样式雷图档中，约有11000件图样和近4000件文档，图、档比例约为三比一。文档内容主要包括三个方面：一是与工程相关的说帖、略节和做法册等；二是《旨意档》《堂谕档》《司谕档》等，这是样式房记录的皇帝和内务府官衙关于修建圆明园等皇家宫殿园囿和帝后陵寝的谕旨和指示；三是雷家根据职业需要每天记述的翔实的随工日记、业务往来的信函和家族成员之间的书信等。

与颐和园相关的样式雷图档中，图样与文档的比例几乎达到八比一，由此可见样式雷图档中有关颐和园的文字记载较少，文字缺失较多。现存文档基本为做法册、估料册、销算册、丈尺册、查工册和单页等，如《颐和园乐寿堂起揭摘撤字画匾对格眼等项搭拆接手架木料估册》（图27）等。

三、颐和园样式雷图档价值

相较于其他参考文献，样式雷图档最大的优点在于图文相参。没有比配有文字的图纸更具说服力和清晰度的资料，因此，如果能在整理研究的基础上充分利用样式雷图档，我们将对颐和园以及清末皇室和社会有更深入和清晰的了解。

（一）样式雷图档是了解清漪园情况的珍贵原始资料

清漪园始建于乾隆十五年，时值第三代样式雷在样式房当差。颐和园重修于光绪年间，时值第七代样式雷执掌样式房。而雷家大规模收藏样式雷图档基本始于第五代样式雷。因此，现存样式雷图档中有关清漪园的原始图档极少，有关颐和园重修的图档很多。尽管现存的清漪园图档也是为颐和园重建所用，一般作为重修的底稿，但也是我们目前了解清漪园的重要原始资料。

国图现存有《清漪园地盘画样》（图1）、《清漪园河道地盘样》（图2）、《清漪园西宫门内外各处殿座亭台桥座房间等画样》（图28）、《清漪园西宫门买卖街地盘图》（图29）等图档，是研究清漪园的布局规划和建设的极其珍贵的一手资料。

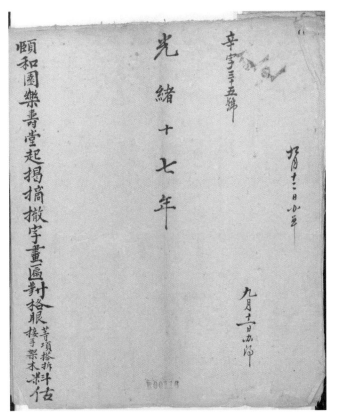

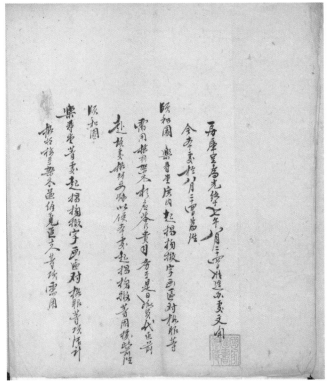

图27　颐和园乐寿堂起揭摘撤字画匾对格眼等项搭拆接手架木料估册

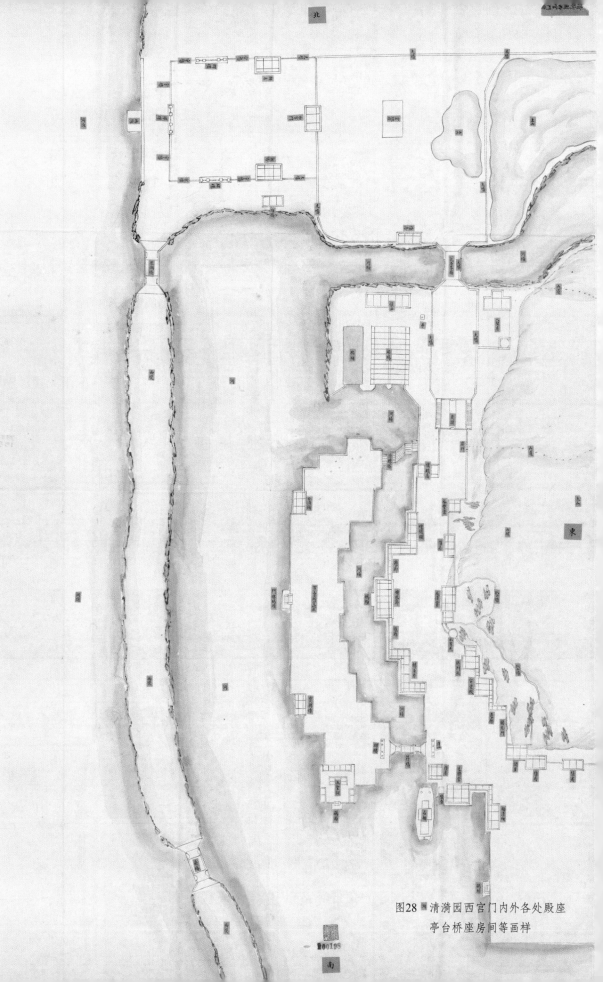

北

西

東

南

图28 清漪园西宫门内外各处殿座
亭台桥座房间等画样

200199

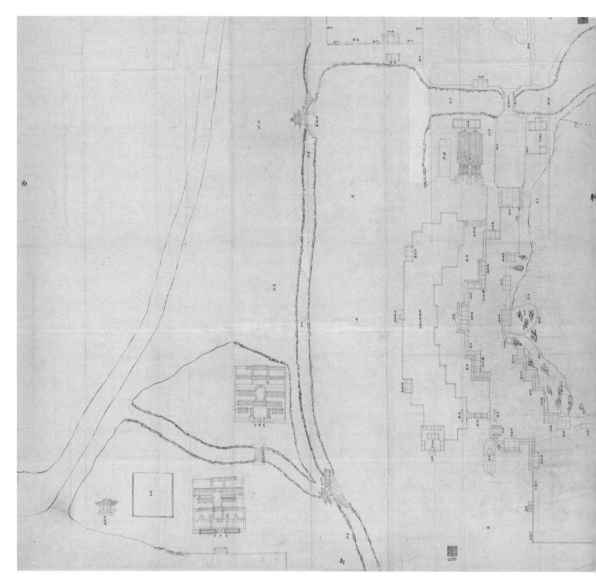

图29　清漪园西宫门买卖街地盘图

（二）样式雷图档是反映颐和园重建和景点变化的重要资料

因为多是重修图档，所以国图现存颐和园图档中往往有"添""安""添安""添修""添建"等字样，如《景福阁添安内檐装修图样》（图30）、《万寿山颐和园中御

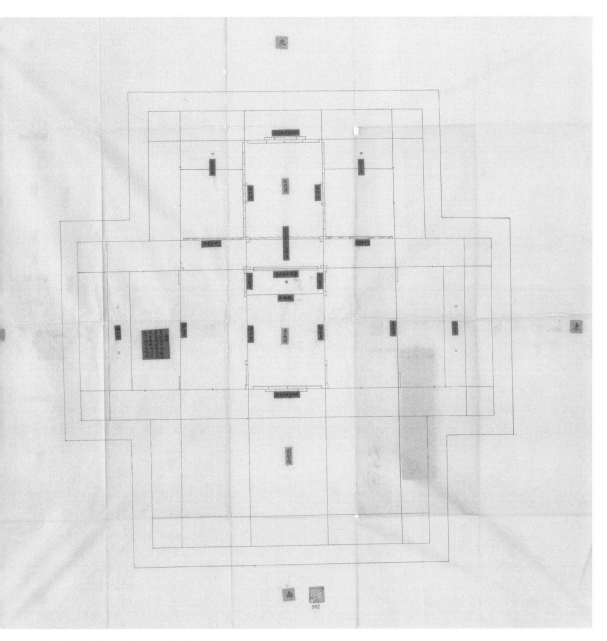

图30　景福阁添安内檐装修图样

路两边添修房间游廊角门墙垣等图样》（图31）、《昆明湖添建大墙做法图》（图32）
等。在样式雷图档中，一般用不同色彩的颜料来标示更改或者以贴页形式来标示较
大的改动。通过这些图纸，我们可以直观地了解颐和园的重建工程。

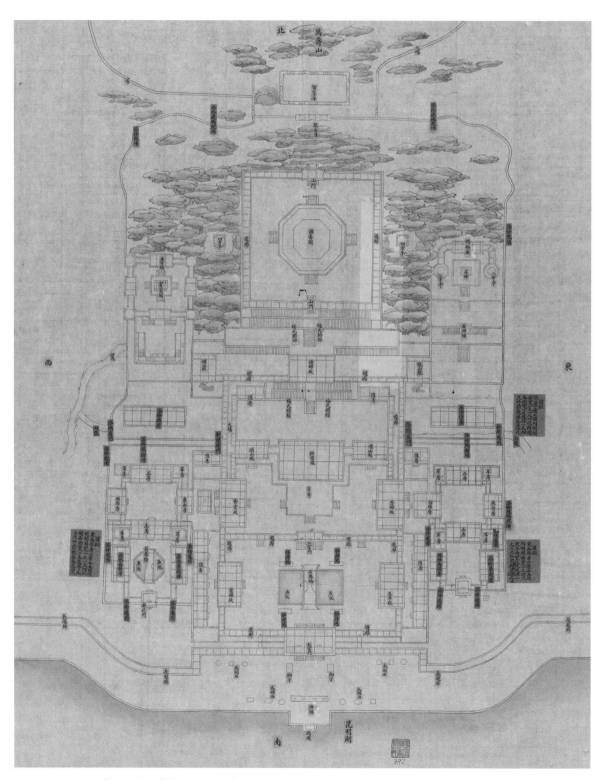

图31　万寿山颐和园中御路两边添修房间游廊角门墙垣等图样

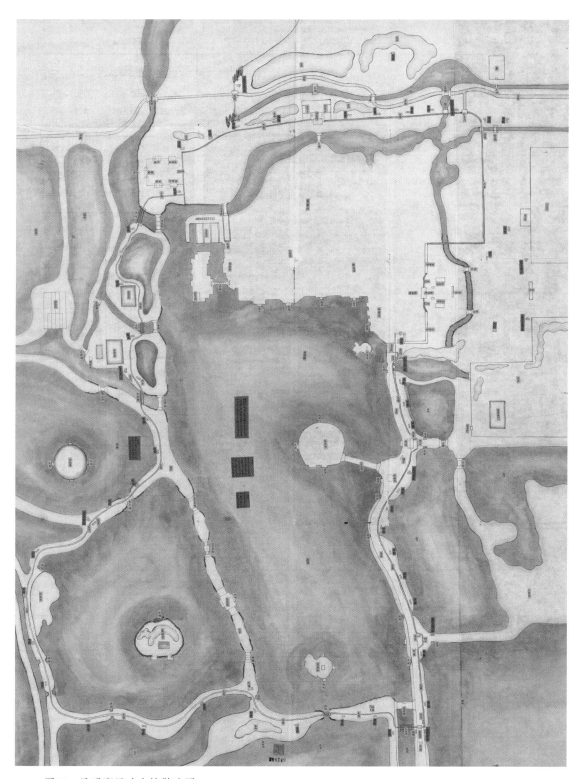

图32 昆明湖添建大墙做法图

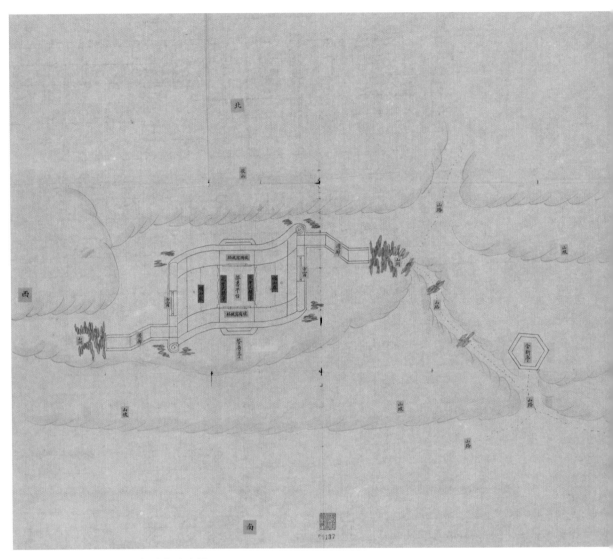

图33　颐和园餐秀亭地盘样

　　此外，餐秀亭、昙花阁等清漪园时期的建筑在重修时不仅修改了形制，也更改了名称，这在现存样式雷图档中都有一定程度的反映。国图藏相关图档有《颐和园餐秀亭地盘样》（图33）、《昙花阁一座改修单层檐图样》（图34）等。

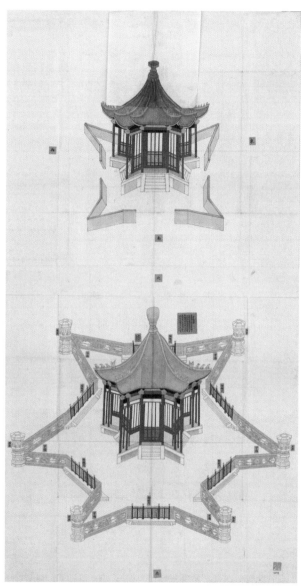

a   b

图34 昙花阁一座改修单层檐图样（a.改前；b.改后）

（三）为颐和园景点维修和恢复提供切实可靠的历史依据

颐和园是我国现存规模最大、保存最完整的皇家园林，其重建工作至今不绝。多年来，颐和园管理处一直致力于颐和园的保护、管理和研究工作。改革开放以来，颐和园陆续恢复了四大部洲、苏州街、景明楼、澹宁堂、耕织图等景区，逐步恢复了文化遗产的完整性和原真性。翔实的样式雷图档可以为景点的维修和恢复提供超越文字的图像依据，使今天的颐和园更接近于历史原貌。

例如，曾有学者撰文研究样式雷图档与治镜阁景点的复原。国图目前可确认为治镜阁图档的有28件，据说中国第一历史档案馆也有5件遗址勘测图，故宫则有一具治镜阁烫样。综合辨析这些材料，再结合其他文献资料，治镜阁的重建或许也未必遥远。

（四）从皇家角度反映了清末社会的变化与发展

清朝末年，西方舶来品不断进入中国，也带来了西方的文明和技术。最早享用这些新鲜事物的当数皇室。慈禧可谓北京城使用电灯的第一人，至今在颐和园排云殿和乐寿堂上还挂着两盏玻璃大吊灯。国图藏相关样式雷图档有《颐和园文昌阁以东添盖电灯局图样》（图35）、《颐和园乐寿堂前电气灯架图样》（图36）、《电气灯木架图样》（图37）等。

近年来，通过国图工作人员的整理研究、成果发布以及公开展览等活动，样式雷图档不再是束之高阁的神秘文物，在很大程度上已经为公众尤其是专家学者所熟悉。希望通过专家学者们未来进一步的研究和利用，百年前的中国传统建筑文明能使今人受益并得以再次发扬光大。

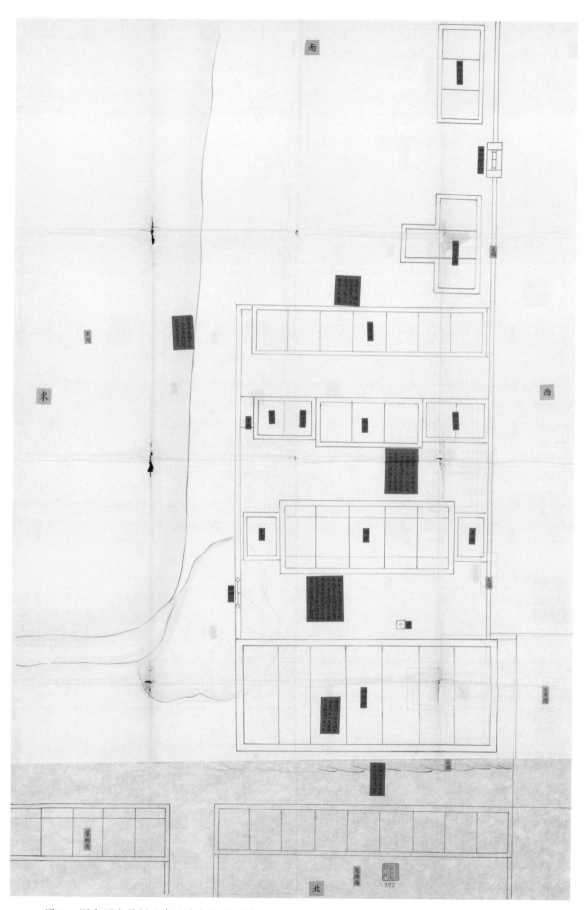

图35　颐和园文昌阁以东添盖电灯局图样

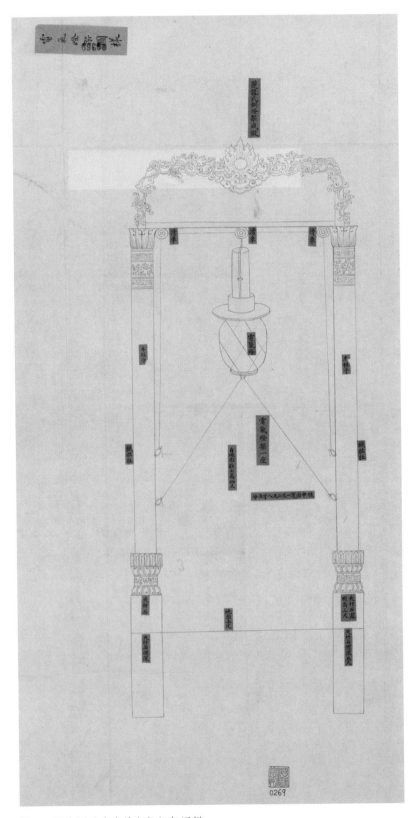

图36 颐和园乐寿堂前电气灯架图样

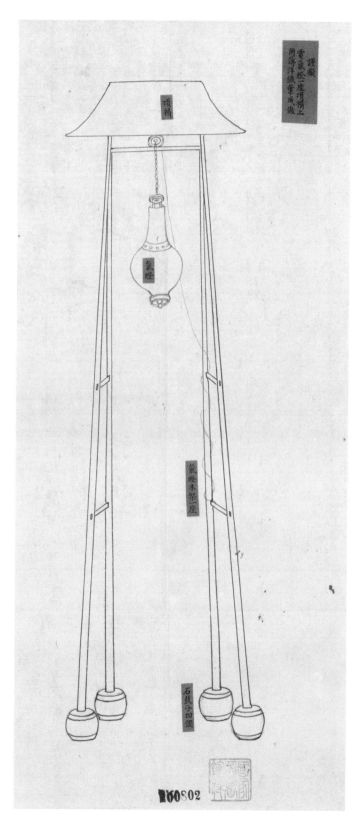

图37 电气灯木架图样

西　苑

任昳霏

一、西苑概况

西苑是明清时期北京皇城之内一座以太液池水域为中心的大型皇家园林，包括北海、中海、南海三部分，因其坐落于紫禁城西侧，故名"西苑"。因与什刹海后三海相呼应，又称前三海。明清西苑东临紫禁城、景山，北、西、南三面均抵皇城城墙，面积数倍于紫禁城。西苑皇家园林始建于辽代，并于金代扩建形成初具规模的离宫别苑。元代营建大都城，以琼华岛为中心的园林成为皇城禁苑，被称为"上苑"。明清时期，以上苑为基础继续扩建。明初，太液池仅有北海和中海部分，之后随着紫禁城南移，太液池也向南拓展，新开挖了南海，最终形成三海格局。明清时期，西苑是帝后休闲娱乐的场所，也是距离紫禁城最近的皇家御苑。此外，主政者有意识地将部分国家政务和礼仪大典安排到西苑内举行，因此，西苑成为皇帝处理政务、接见王公外藩、宣扬文治武功的重要场所。

由辽至清，西苑经过多次建设，也经历多次战火，园林结构在几百年的历史进程中发生了多次翻天覆地的变化，园林性质也在不断进化。清末民初，西苑布局基本定型。到了民国年间，中海由旧仪鸾殿改建的海晏堂改名"居仁堂"，新仪鸾殿改称"怀仁堂"。在西苑建筑改名、改建的同时，很多建筑区的功能也发生了相应的变化。直到今天，西苑见证了中国近现代史上的多次历史大事，也完成了由皇家园林到政治中心的华丽转型。

经过乾隆朝的大规模建设，西苑形成了"园中有园"的景观布局。再经过同治、光绪两朝的多次大修，西苑园林布局结构最终定型。

北海区域划分为琼华岛建筑区、团城建筑区、北海北岸建筑区、北海东岸建筑区。琼华岛建筑区位于北海湖面，以永安寺为中心，周围建有长廊、漪澜堂、悦心殿、阅古楼等建筑，白塔位于三海中心最高点。团城建筑区位于北海最南端，由金鳌玉蛛桥与中海相望，四周筑墙，自成一体。北海北岸建筑区集中了佛教建筑群与经典园中园，由快雪堂、五龙亭和小西天、静心斋、阐福寺和西天梵境等构成。北海东岸由先蚕坛、画舫斋、濠濮间等建筑群组成。

中海区域的建筑群在同治、光绪年间有过大规模的改扩建，主要建筑群分布在中海西岸和南岸，主要包括勤政殿、丰泽园、春藕斋、新旧仪鸾殿、海晏堂、集灵囿（监国摄政王府）、大圆镜中、迎春堂、万善殿、水云榭、万字廊、紫光阁、时应宫等。

南海区域划分为瀛台中心区、南海东岸建筑区、南海南岸建筑区。瀛台中心区主体建筑有翔鸾阁、涵元殿、随安室。南海东岸建筑区主要有淑清院、韵古堂、流杯亭、素尚斋、千尺雪、鱼乐亭、日知阁、春及轩、蕉雨轩、清音阁、宾竹室等。南海南岸建筑区包括同豫轩、鉴古堂、宝月楼、茂对斋、涵春室、延赏亭等。

另有西苑附属设施苑墙、苑门、桥梁、点景、船坞、铁路，代表建筑有仙人承露、九龙壁、金鳌玉蛛桥、永安桥、五龙亭桥、西苑铁路等。

二、西苑的建筑群与样式雷图档

从清初康熙年间至清末宣统时期，祖籍为江西永修的雷氏家族负责设计建造皇家建筑工程，雷家八代均供职于清代样式房，且几乎都担任过掌案，因此他们被尊称为样式雷。清代西苑园林的营建修缮工程，自然也留下了样式雷的痕迹。与历次西苑工程有关的设计画样、文档、文书等图档资料，成为我们了解西苑建筑历史、工艺、设计等方面最直观、最珍贵的一手文献资料。

清初顺治、康熙年间，西苑在明代园林基础上扩建，为皇帝避暑使用。此后，随着西苑工程逐渐扩大，西苑成为清代处理政务、举行重大典礼活动的政治中心。从嘉庆朝开始，清代西苑园林的建设进入相对沉寂期。嘉庆、道光年间，仅对极乐世界、五龙亭、庆霄楼及白塔周边进行小规模的整理修缮。同治、光绪年间，西苑皇家园林迎来清代第二次建设高潮。同治元年（1862）至光绪三十四年（1908），清廷由慈禧太后主持朝政几十年。其间由洋务运动带来的短暂"同光中兴"和慈禧太后个人对园林的喜好，成为同光年间西苑建设的主要原因。同光年间，西苑曾大规模修建及岁修多次。同治二年，计划对西苑建筑进行整体岁修，涉及瀛台、三海的多处桥梁、门座、墙垣等。同治六年，计划实施西苑三海清淤工程。这两项工程均见于样式雷图档，但是否真正实施过，还有待考证。同治十三年，西苑大修，但后因同治皇帝驾崩被迫停工。此次大修计划修缮的有：北海琼华岛西坡坐落房和内奏事处，北坡添改值房；北海东岸、北岸及濠濮间、镜清斋、澄观堂、快雪堂等多处添盖值房、戏台、配殿及围墙等；中海勤政殿、丰泽园、退瞩楼、纯一斋等多处建筑群添建配殿、值房、戏台等；南海瀛台建筑群添建附属建筑。光绪十一年至十八年，西苑再次大修，重点集中在中海听政办公区，包括勤政殿、仪鸾殿、丰泽园、春藕斋等。北海镜清斋及相关附属设施也纳入修缮范围。另外，此次大修还新建了苑内小铁路，并购买临近西苑的北堂修建集灵囿。光绪二十七年至三十年，启动光绪朝第二次西苑大修，在仪鸾殿新建海晏堂，并在其西北方向拓展，建成新的仪鸾殿。

根据国家图书馆编目数据统计，国家图书馆藏西苑三海全图近百种，北海样式雷图档约60种，中南海图档有600多种。内容涉及同治六年的三海清淤工程、同治十三年至光绪三十四年的西苑大修扩建工程、宣统年间监国摄政王府营建工程等。中华人民共和国成立以后，三海中的中南海成为国家中枢，其建筑基本沿用民国年间西苑的宫殿建筑布局，中南海图档记录了中南海建筑的基本形制和建造尺寸，也基本反映了现在中南海的内部格局，主要涉及瀛台、紫光阁、澄怀堂、勤政殿、丰泽园、春藕斋、怀仁堂等地。

（一）西苑全图

有关西苑皇家园林整体的图样与文档大致涉及：同治六年，计划的三海清淤工程；光绪二十九年，清廷购买西苑墙外民居，扩大西苑园林范围；光绪三十二年，三海苑墙加高工程。西苑三海清淤工程的代表图样有《三海河道全图》（图1）。勘

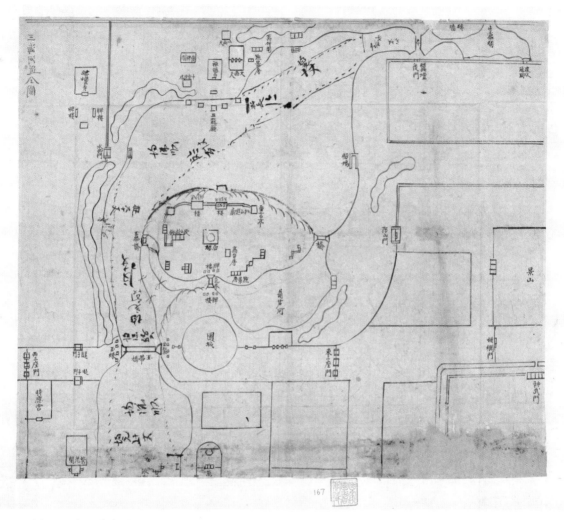

图1　三海河道全图

察丈尺工程的代表图样有《三海大墙全图准底》（图2）。勘测统计西苑房屋的代表
图样有《三海西苑门周围海墙各门座朝房全图样》。关于内檐装修设计及用料的文
档有《南北海内檐装修领用物料禀文》等。

（二）北海

1.琼华岛景观建筑区

琼华岛位于北海湖心，乾隆年间大规模建设后，岛上建筑格局基本定型。同治

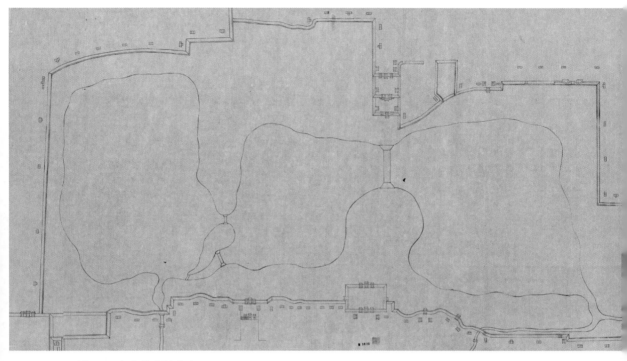

图2 三海大墙全图准底

年间以琼华岛西坡和北坡为主进行大修。光绪年间修缮工程对主体建筑景观的改造有限。相关样式雷图档涉及永安寺、悦心殿、漪澜堂、碧照楼、远帆阁等。

2.北海北岸景观建筑区

乾隆年间，北海北岸建筑群形成以佛教建筑为主，园林点景为辅的建筑格局。同治、光绪两朝，对西天梵境、阐福寺、极乐世界、万佛楼等处进行修缮。相关样式雷图档涉及极乐世界、五龙亭、澄观堂、浴兰轩、快雪堂、镜清斋（静清斋、静心斋）、澄性堂等建筑。

3.北海东岸景观建筑区

北海东岸建筑群中最早一组是始建于乾隆七年（1742）的先蚕坛。乾隆二十二年营建画舫斋和濠濮间两座小型园林，同光时期的两次大修也对这两座园林进行了修缮。相关样式雷图档即涉及画舫斋和濠濮间。

（三）中海

乾隆年间，中海建筑群初具规模。同治年间大修，改建勤政殿建筑群。光绪年间，中海格局变化较大。先是购买西苑西墙外区域民宅，圈建集灵囿（宣统年间改建为摄政王府）。之外，在春耦斋北新建旧仪鸾殿，供慈禧太后居住。国家图书馆藏样式雷图档中，与海晏堂和集灵囿有关的图档数量较多，涉及勤政殿、丰泽园、春耦斋、海晏堂、集灵囿、大圆镜中、万字廊、紫光阁、膳房和鹿圈等。

（四）南海

中海与南海以蜈蚣桥为界。南海建筑群大致分为瀛台中心区、南海东岸、南海南岸三个景观区。南海建筑群形成于乾隆年间，同光年间大修未对这一区域的结构布局进行太大改变。光绪年间，曾重新测量瀛台丈尺数据，添加花栏。

三、西苑样式雷图档的特点

从工程设计建设方面来看，样式雷图档的绘制伴随大修工程始终，根据工程的进度绘制满足不同需求的图样，并附相关文字说明。

从样式雷图档绘图方式来看，样式雷图档用正投影法绘制平面图和立面图，这种平剖结合的工程图绘图方式直观形象，通俗易懂，与后世工程图极为相似。同时，样式雷图样又保留了传统的山水形象表达手法，具有一定的艺术性。

西苑样式雷图档中保留大量西式建筑设计因素，这与清代西方思想传入中国有关。西洋建筑在乾隆年间出现，中海丰泽园、海晏堂是晚清皇家园林中西洋建筑的经典代表。新式建筑材料和设备的应用也始于西苑园林的建设。玻璃、铁路、电工所等近代工业产物出现在样式雷图档中。

有关西苑园林的样式雷图档，保存了西苑皇家园林的建筑设计思想和设计建造方法。国家图书馆藏西苑样式雷图样，以同治、光绪年间大修工程的建筑图档为主，同时也收藏了少量其他时期的西苑工程图档。据初步统计，西苑图档资料总计近700种，这些建筑图样和与之对应的文字记录，如实反映了西苑清宫建筑的原始样貌，

为后世重建、修复西苑建筑提供了重要依据。从内容上看，三海样式雷图档中数量
最多的是西苑宫殿建筑设计类图档。有代表三海整体宫殿及附属设施的设计图，比
如《三海大墙全图准底》（图2）、《北海中海地盘平样糙底》（图3）等。有代表单个
院落或者单体建筑的设计图，比如《澄怀堂地盘尺寸样》（图4）、《北海画舫斋地盘
糙底》（图5）等。有代表三海清淤工程的进程图及文字记载，比如《三海河道全图》
（图1）、《三海丈尺略节》（图6）等。有展示宫殿建筑内部装修的图样，如《仪鸾殿
内檐改安装修更正全图》（图7）、《春藕斋殿内八方宝座一分立样》（图8）等。还有
西苑内船坞、桥梁、游船的设计图样，如《海晏堂水池内活安木板桥准底图样》（图
9）等。由此可见，三海样式雷图档涉及清代西苑建筑设计建造的各个方面。

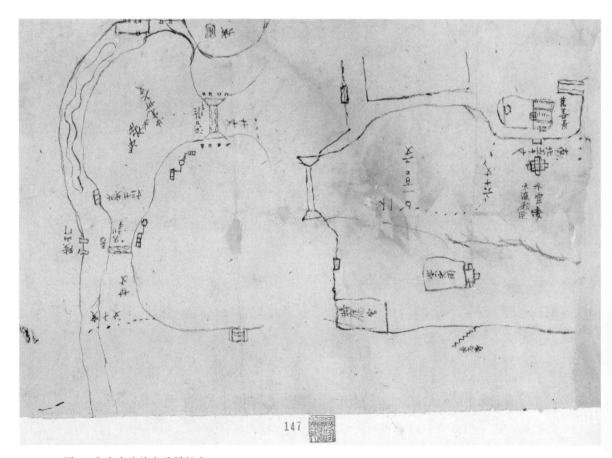

图3　北海中海地盘平样糙底

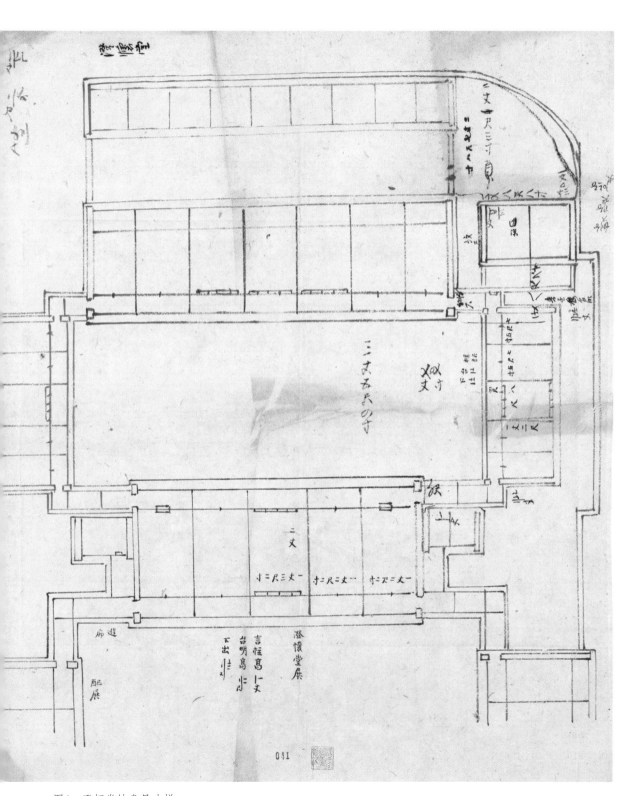

图4　澄怀堂地盘尺寸样

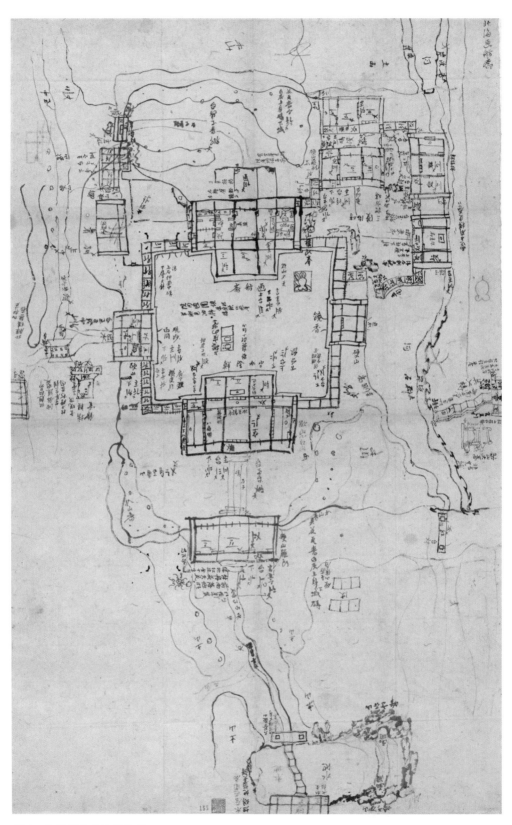

图5　北海画舫斋地盘糙底

自步瀛橋里皮至三孔木版橋西一段溪長二十丈七尺寺
均寬三丈五尺
接往西十丈東寬三丈五尺西寬十丈
又接往西順北海東邊止至五龍亭東庭一段長一百卒丈
原估挖深三尺
均寬十丈
由五龍亭東庭直往西至北海高岸止一段折長三十三丈
東邊均折寬六丈
西邊均折寬三丈五尺
由五龍亭中庭直往南一段長一百九十八丈
原估挖深三尺
均寬六十丈
接往南一段長一百四十六丈
均寬七十丈
又接往南至中海南岸止一段南北折寬三十六丈
御河橋進深三丈九尺一寸
由御河橋南皮往南一段長一百五十丈
接住南運土間在內至御河橋北皮一段長五十五丈
均寬五十丈原估挖深三尺
通共自步瀛橋至中海南泊岸止
較比原估減長一百三十三丈六尺四寸
均寬五十丈

图6　三海丈尺略节

北

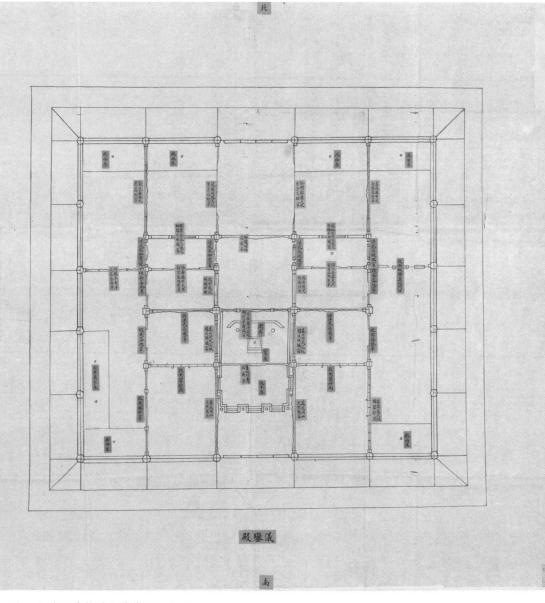

东

仪銮殿

南

图7　仪銮殿内檐改安装修更正全图

图8 春藕斋殿内八方宝座一分立样

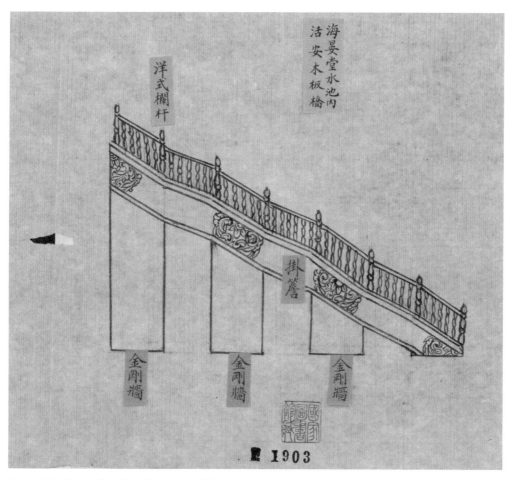

图9　海晏堂水池内活安木板桥准底图样

南　苑

成二丽

南苑又名南海子，位于京城以南约10公里，其历史悠久，可以上溯到辽金时期，是元明清三朝的皇家禁苑。清入关后"清帝园居"的第一个大型皇家苑囿便是南苑，它不仅是皇家狩猎、阅兵之所，也承担着部分政治功能，举行过许多政治外交活动。清顺治皇帝常居于南苑，在此处理政事，举行宫廷大典，并且接见西藏五世达赖喇嘛。康熙皇帝则主要将南苑作为狩猎、军事演练的场所，康熙年间在南苑举行的围猎阅兵活动多达132次。乾隆年间，乾隆皇帝多次对南苑内建筑进行修缮，将宫墙由土墙改为砖墙，并在疏浚南苑凤河的基础上，兴建了苑内最大的行宫——团河行宫。到清末期，南苑依然发挥着演武场的作用。同治年间，在南苑北部建神机营盘25座。清代《天咫偶闻》载"同治以后，神机营各军，岁往驻扎。以秋去春归，军容极盛"。

一、南苑概况

南苑位于城南，距离京城很近，元代称"下马飞放泊"，"下马"意思是骑上马一会儿就下马到了。《帝京景物略》记载："城南二十里，有囿曰南海子。方一百六十里，海中殿，瓦为之。"乾隆皇帝的《仲春幸南苑小驻跸之作》中则写道"南苑曾无廿里赊"，并在《御制入北红门小猎即事四诗其一》中写道"出城十里到红门"。

南苑地处古永定河流域，地势低洼，泉源密布，形成几个很大的水面，因紫禁城北的积水潭有海子之称，于是这里就叫成了南海子。在南苑北部，凉水河、小龙河两条河流自西北向东南穿过南苑，南部从团河流出的凤河向东南流出南苑。沿着三条河流分布着大量的水泡子和湖泊，如卡伦圈、一亩泉、大海子、二海子、南饮鹿池、北饮鹿池、眼镜泡子、鸭闸泡子、后泡子等。苑内草木茂盛，适宜动物繁衍，逐渐形成了一个天然狩猎场所，因此自辽金起封建帝王就在这里游猎，到明代又扩建殿堂宫室，四周修建围墙，正式将此地建成行宫御苑。南苑占地面积很广，四周墙垣约一百二十里，全苑面积相当于三个旧北京城，南北范围约为今南四环至南六环，包括大兴区旧宫镇的全部，以及瀛海镇、亦庄镇、西红门镇的大部分地区。南苑呈不规则四边形，苑墙开9座大门、13座角门，苑内用地分为猎场、养牲地、开垦地三类，猎场居于南苑中心，占绝大多数面积。

（一）苑内建筑

清代各帝对南苑非常重视，在明代南苑的基础上，进行了大规模的建设修缮并留下了大量图档，包括修缮行宫、新建寺庙、扩建围墙、增设宫门、疏浚河道、兴建行宫、增设兵营等等。因此在南苑大片丰沃草场上，坐落着行宫、寺庙、台子等建筑。

南苑内建有四座行宫，分别是旧衙门行宫、新衙门行宫、南红门行宫和团河行宫。旧衙门行宫位于南苑北侧小红门内西南处，东有凉水河，西有小龙河，早年为明代的旧衙门提督署，上林苑内监提督就在这里办公。清顺治十五年（1658）重新修葺后，改为旧衙门行宫，供清帝居住、读书、处理政务等。新衙门行宫也是由明代提督署改建而成，简称新宫，在南苑西侧镇国寺门内约5里，因此康熙年间又叫西宫。南红门行宫位于南侧南红门附近，建于康熙年间。行宫建在这里，与位于其北侧、距离很近的晾鹰台有很大的关系，因为皇帝常常在晾鹰台行围、大阅，建立行宫方便皇帝大阅后驻跸于此。当时虽有些散置的建筑，但不成规模，于是康熙五十二年（1713）在此修建南红门行宫，简称南宫。团河行宫位于南苑西南角黄村门内6里许，乾隆四十二年（1777）建成，是清王朝在南苑修建的四座行宫中最大的一处。团河行宫之名源于团河，团河为南苑内两大水源之一，发源于团泊，下游称为凤河。乾隆皇帝认为凤河是治理永定河的关键，因此乾隆三十七年（1772）对永定河进行大规模治理时，由内务府出资挑浚凤河及其上游团河。在疏浚团河的基础上，因地制宜修建了团河行宫。与其他行宫相比，团河行宫除了宫廷区外，还借团河之便开辟了苑林区，行宫内"泉源畅达，清流溶漾，水汇而为湖，土积而为山，利用既宜，登览尤胜"。

南苑内除了行宫外，还建有大量的皇家庙宇，至乾隆时期，南苑内庙宇共有20多处，包括苑内最大的道观元灵宫、苑内唯一的喇嘛庙永慕寺、规制崇丽的德寿寺和宁佑庙、永佑庙、地藏庵、马神庙、药王庙、菩萨庙、关帝庙、真武庙、七圣庙、龙王庙等。清代帝王每次来南苑，都经常瞻礼参拜这些庙宇。

东汉许慎的《五经异议》记述"天子有三台：灵台以观天文，时台以观四时施化，囿台以观鸟兽鱼鳖"，因此南苑内的各处土制高台统称为囿台，为狩猎、观赏及阅兵之用。南苑内共有10座台，西红门东北部有杀虎台，东红门西部凉水河畔有单台子，南红门北部有晾鹰台，东北隅有大台子、二台子、三台子，西北隅也有三座台，以及鹿圈村东有一座台子俗称土楼子。其中晾鹰台是最有名的一座，始建于元朝，因元帝常常在附近放鹰捕猎，归来的鹰在此晒晾休憩而得名。清朝时，这里还是训练兵马的重要场所，大阅兵的场所大多设在晾鹰台，故又名"练兵台"。据《日下旧闻考》记载，清乾隆时晾鹰台"台高六丈，径十九丈有奇，周经百二十七丈"，占地约40亩。

（二）苑内布局

与其他皇家园林不同，南苑主要用于帝王行围狩猎、阅兵操练，也有大量的政治、外交活动在此举行，因此南苑的建筑布局与其他清御苑有着明显的差异。

第一，南苑的建筑密度极低。南苑作为猎场、阅兵场，需要极其宽阔的场地，因此南苑内的建筑数量较少，建筑规模也都不大，其中最大的团河行宫仅占地160余亩。在200多平方公里的广阔空间里，仅有4处行宫、20多处庙宇，建筑密度非常低。

第二，南苑的建筑布局呈"网站式"。旧衙门行宫位于南苑北中部，新衙门行宫位于北西部，团河行宫位于南西部，南红门行宫位于南中部，各行宫间的距离都在5公里至10公里之间。苑内的四处行宫，各居一方，分布均匀，方便帝王在狩猎或阅兵过程中休息。从档案记载来看，清帝在南苑中的活动路线是较为固定的，常常是以旧衙门行宫为第一站，沿顺时针方向依次在南红门行宫、团河行宫、新衙门行宫休息驻跸。此外，苑内的庙宇大多紧邻行宫，或者靠近苑门，或者设置在御路附近，以便帝王瞻礼。

第三，建筑追求实用。与圆明园、颐和园等园林更侧重景致建设不同，南苑内除团河行宫外的三处行宫，选址皆为方便，建筑格局都规整简单、古朴清幽，以满足帝王在此居住、办公、读书为基本目的，没有采用任何造景手法，也没有进行过多的修饰，乾隆皇帝有诗"有数轩楹资憩息，无多花柳亦春风"。团河行宫是苑内一处宫苑分置的小型园林，行宫内除宫廷区外，还有环湖而建的各种园林建筑。不过团河行宫并非专门修建，而是为了疏浚凤河及其源头团河，又因地制宜，将挑挖之土略加构筑而建造的。

二、南苑样式雷图档

国家图书馆藏南苑相关图档共262件，包括南苑总体布局图、河道图、各行宫设计修缮图、单体寺庙建筑图、兵营分布图等，记录了南苑的发展变化以及苑内各建筑设计、施工、装修、维护的各个阶段。图档内容详尽丰富，包括勘测图、设计草图、正式图、局部装修图、说贴等等，记载了苑内建筑的分布、尺寸、内部装修，甚至院内绿植等多个方面。其中数量较多的一类是兵营图，详细绘制了清末在南苑所设神机营的分布、各座营盘内房屋数量等。

（一）南苑总图

南苑总图主要有6种，记载南苑各建筑分布、房间数目、苑内路程、围墙河道等内容，数量不多，但内容很丰富。《南苑地盘全样糙底》（图1）较为粗略地绘制了南苑的围墙、宫门、河流、湖泊、苑内建筑轮廓、御路以及路两侧的树，并以文字标注各要素的名称。《南苑营盘图式》（图2）绘制了南苑总体布局和建筑分布。《南苑周围路程略节》（图3）等文档则记载了南苑内建筑之间的距离。

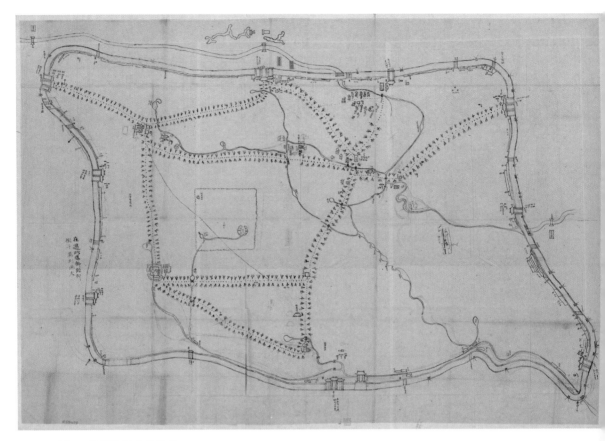

图1　南苑地盘全样糙底

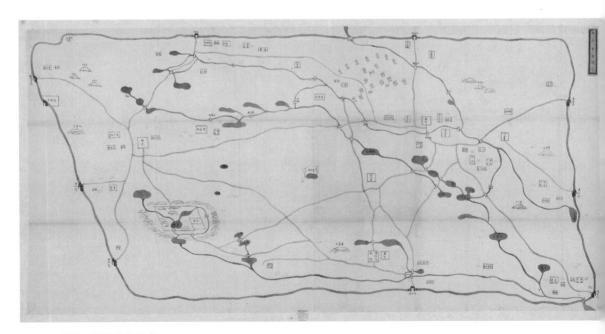

图2　南苑营盘图式

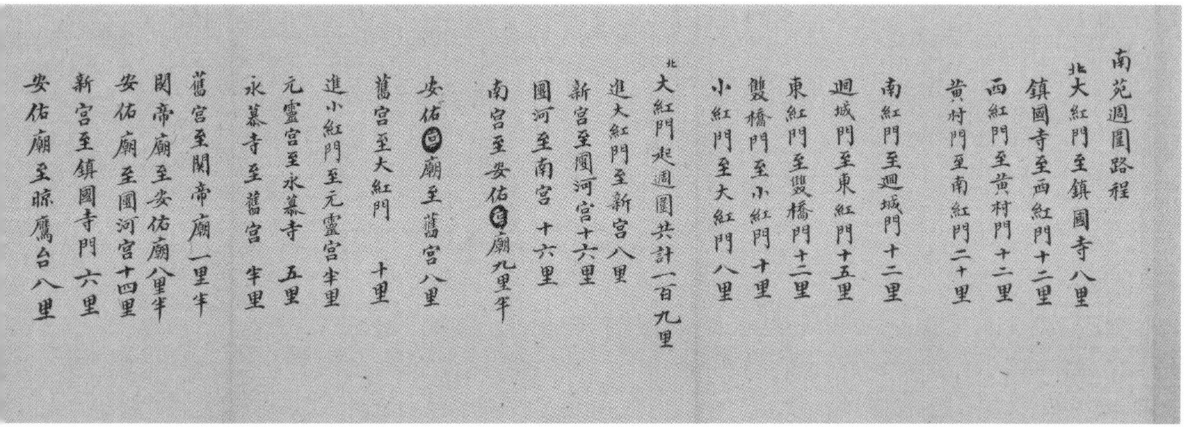
南苑週圍路程
北大紅門至鎮國寺八里
鎮國寺至西紅門十二里
西紅門至黃村門十二里
黃村門至南紅門二十里
南紅門至迴城門十二里
迴城門至東紅門十五里
東紅門至雙橋門十二里
雙橋門至小紅門十里
小紅門至大紅門八里
北大紅門起週圍共計一百九里
進大紅門至新宮八里
新宮至團河宮十六里
團河至南宮 十六里
南宮至安佑宮廟九里半
安佑宮廟至舊宮八里
舊宮至大紅門 十里
進小紅門至元靈宮半里
元靈宮至永慕寺 五里
永慕寺至舊宮 半里
舊宮至關帝廟一里半
關帝廟至安佑廟八里半
安佑廟至團河宮十四里
新宮至鎮國寺門 六里
安佑廟至晾鷹台八里

图3　南苑周围路程略节

（二）行宫图

南苑内的四座行宫均有样式雷图档留存，行宫图档共191种，其中新衙门行宫图档81种，旧衙门行宫图档70种，南红门行宫图档4种，团河行宫图档28种，还有涉及多个行宫的图档8种。这些图档主要是各行宫平面布局图和装修设计图，以及行宫房间数目统计。

每个行宫都有一幅或多幅总平面图，详细绘制出行宫内的各种建筑物轮廓，有的标注有建筑物名称，有的总平面图采用贴页的形式，将局部的修改设计图贴于相应位置。《南苑团河行宫殿座图样》（图4）绘制了团河行宫内的山水、各建筑轮廓，并贴签标注各建筑名称。《新宫地盘样》（图5）和《旧宫地盘平样准底》（图6）绘制新、旧衙门行宫的建筑布局，并用黄签贴注各建筑名称。《南宫各殿座地盘图样》（图7）绘制了南衙门行宫的内部建筑平面图。

除了总平面图外，行宫图中还有大量的装修图，主要分为两部分。一部分是装修布局图，在建筑平面图的基础上绘制了内外檐装修构件的位置，并在图上用书写或贴签的方式标明此处安置的装修构件的名称，如《南苑团河行宫迩延野绿内檐装修地盘样》（图8）、《南苑团河旧宫阅武时临内檐装修地盘平样》（图9）、《南苑团河

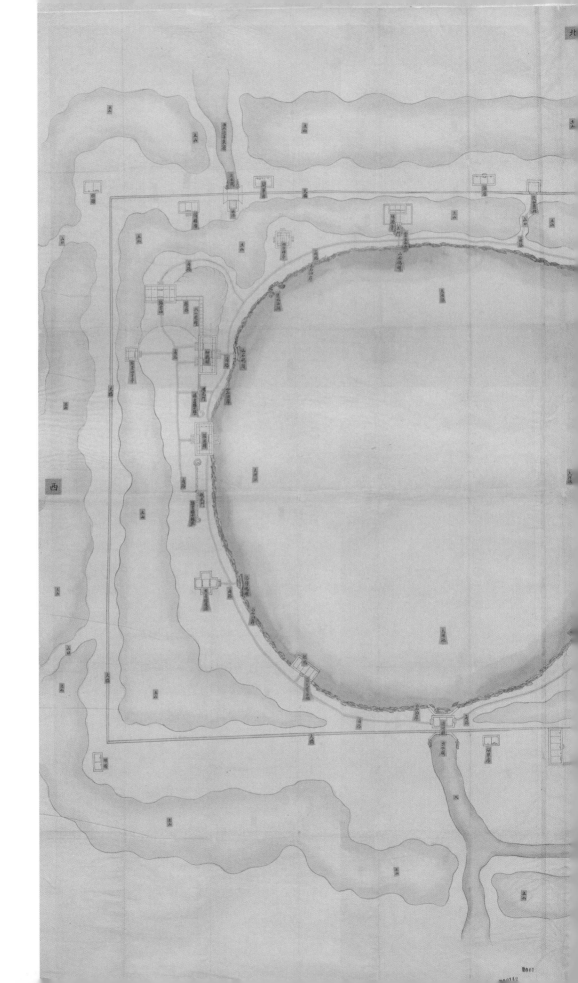

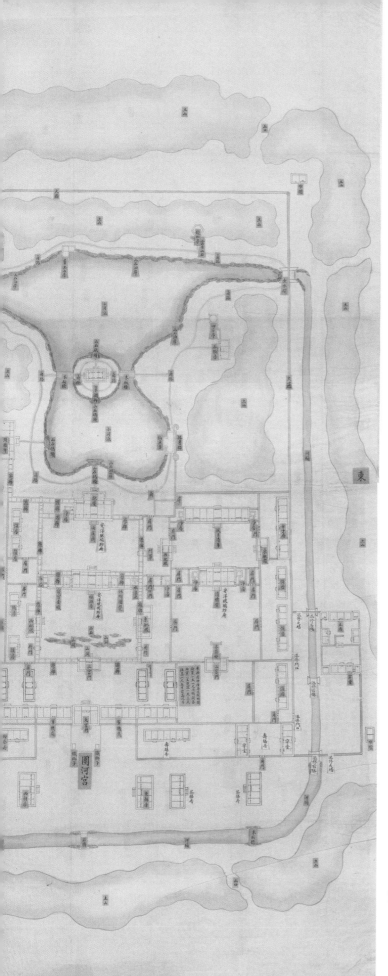

東

图4 南苑团河行宫殿座图样

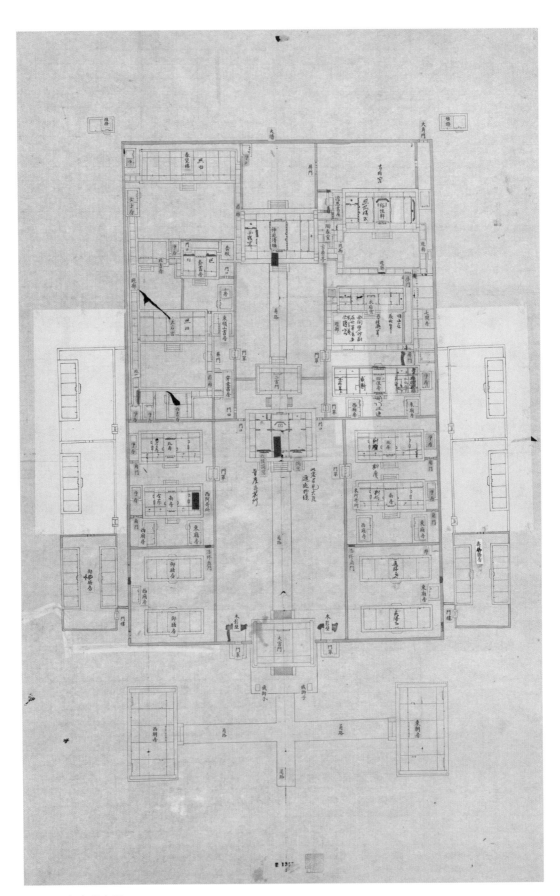

图5　新宫地盘样

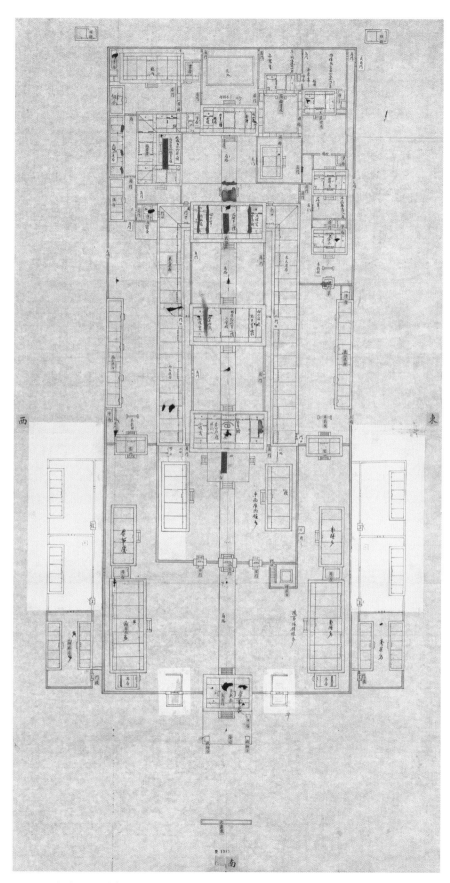

图6 旧宫地盘平样准底

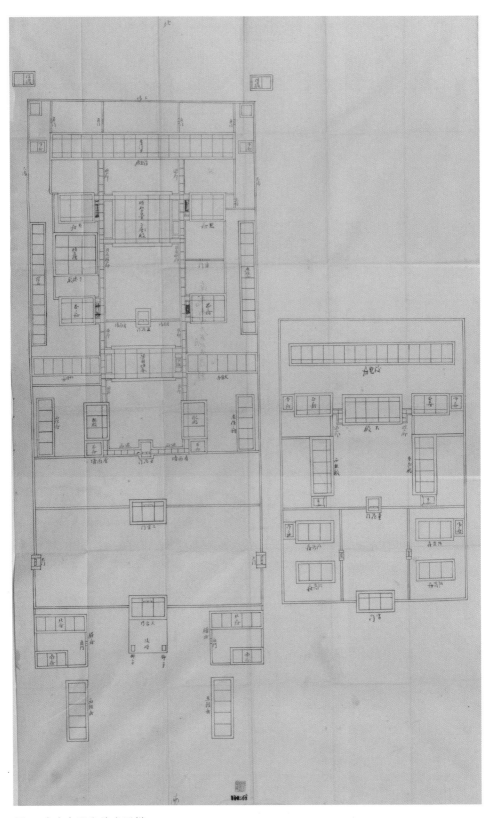

图7　南宫各殿座地盘图样

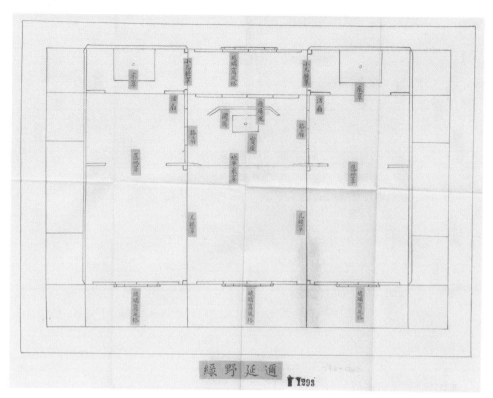

图8　南苑团河行宫迩延野绿内檐装修地盘样

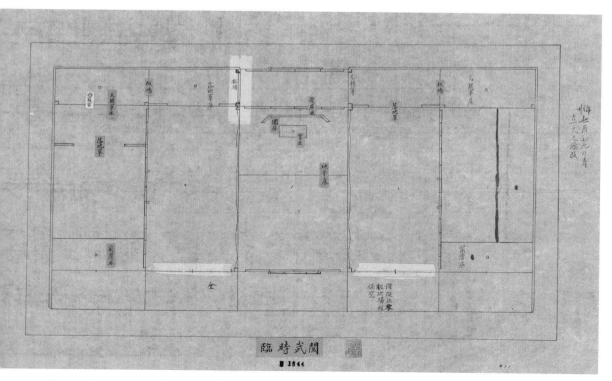

图9　南苑团河旧宫阅武时临内檐装修地盘平样

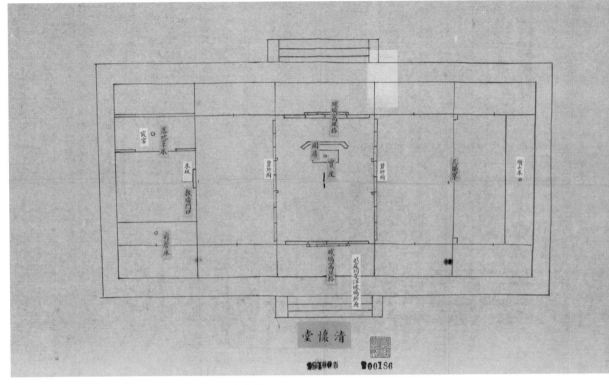

图10　南苑团河行宫清怀堂内檐装修样

图11　南苑团河行宫璇源堂东次间几腿罩画样

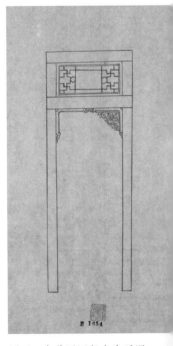

图12　南苑团河行宫逊延野
绿内檐几腿罩立样

行宫清怀堂内檐装修样》（图10）等绘制了各行宫内殿宇房间的装修设计图，都用黄签贴注屋内各处内檐装修名称，包括落地罩、玻璃风格、顺山床等等。从这些样式雷图档可以看出，各行宫殿宇寝宫的室内设计和装修风格基本一致，前后门安放玻璃窝风格，既做装饰，又增加殿的隐蔽性。殿内中间置宝座，左右两侧室内空间用隔断隔开，多用碧纱橱、几腿罩、栏杆罩等等。寝殿内安顺山床、如意床、落地罩床、前檐床等。这些装修设计形成了自由流通、层层伸展的空间效果。另一部分是装修图样，绘制了内外檐装修构件的详细设计图样，包括样式及彩绘图案等，如《南苑团河行宫璇源堂东次间几腿罩画样》（图11）、《南苑团河行宫迩延野绿内檐几腿罩立样》（图12）、《旧宫内各处隔扇式样》（图13）等等。从各行宫装修构件的图档看，雕刻图案包括花卉仙草、卐字、宝瓶等等，繁复精美，令人叹为观止。

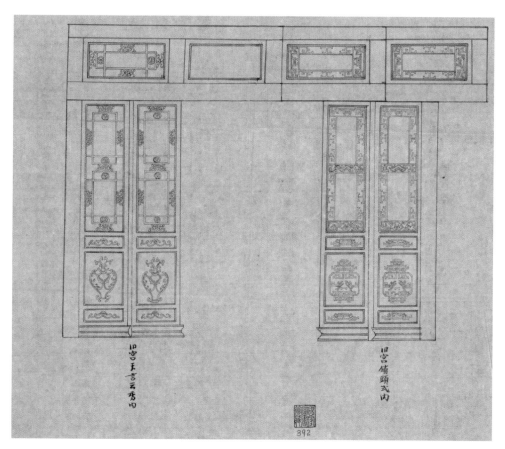

图13　旧宫内各处隔扇式样

（三）寺庙图

南苑寺庙图档共18种，包括苑内的德寿寺、元灵宫、永慕寺、仁佑庙、安佑庙、关帝庙以及苑外的娘娘庙。德寿寺位于永慕寺东，别名大招提，顺治十五年（1658）为纪念西藏五世达赖喇嘛的北京之行而建，乾隆皇帝曾在此接见六世班禅喇嘛。元灵宫位于小红门内，建于顺治十四年（1657），是南苑众多庙宇中规模最大的一座，仿京城明代光明殿建造。永慕寺位于小红门西南，建于康熙三十年（1691），是南苑唯一的喇嘛庙，康熙皇帝除了借此庙为孝庄太后祈福外，也以此表达对满蒙黄教的尊崇。仁佑庙又称永佑庙，位于德寿寺东南，康熙时期为孝庄太后祝寿祈福而建。安佑庙又称宁佑庙，位于晾鹰台北部。关帝庙位于德寿寺西南，建于明嘉靖年间。娘娘庙位于南苑大红门外，是北京地区比较重要的五座娘娘庙之一，称为南顶。寺庙图档反映了南苑重要寺庙的建筑布局及建筑样式，如《南苑内元灵宫地盘样》（图14）、《南苑内德寿寺地盘样》（图15）。

（四）兵营图

自同治年以后，南苑逐渐成为京师的军事重地。同治十二年（1873），清政府在旧衙门行宫北建神机营兵营，《钦定大清会典则例》卷一千一百五十六记载"营盘二十二座，瓦房五十九间"，分左翼、右翼及中营。光绪年间此处神机营有马、步队共25营。南苑兵营图共45种，包括兵营总布局图及各兵营内详细布局图，《南苑神机营地盘总图》（图16），绘制了同治年间神机营22座营盘的布局图，中间为中营，上半部两侧2营为马队，中间10营为步队，下半部9营为马队。《南苑神机营厢字马队营房地盘样》（图17）则绘制了神机营内部的营房布局。另有一幅《南苑八旗营房地盘立样》（图18），详细绘制了新衙门行宫东侧、苇塘泡子西侧、鸭闸泡子南侧的兵营布局图，营房围墙外壕沟环绕，内有骧武、骁武、神威、正红、镶红等军营8座，以及中营、亲军振兴步队、军需库、马圈等房屋，黄签标注各营房名称、房屋数量、围墙尺寸等。

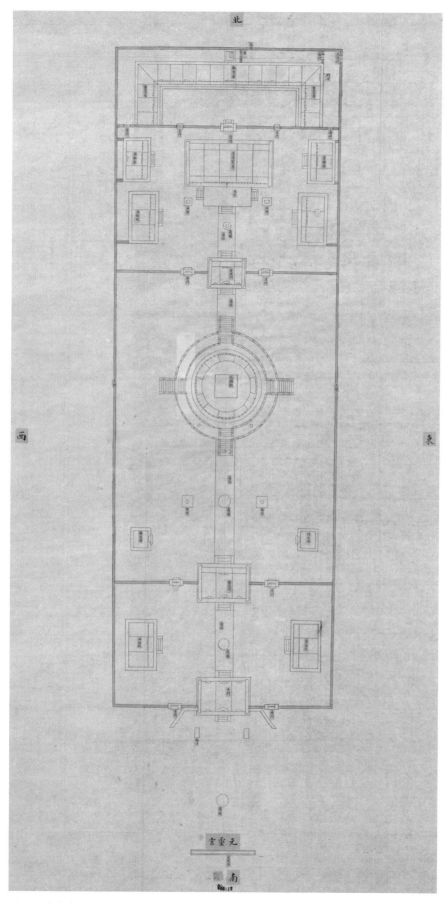

图14 南苑内元灵宫地盘样

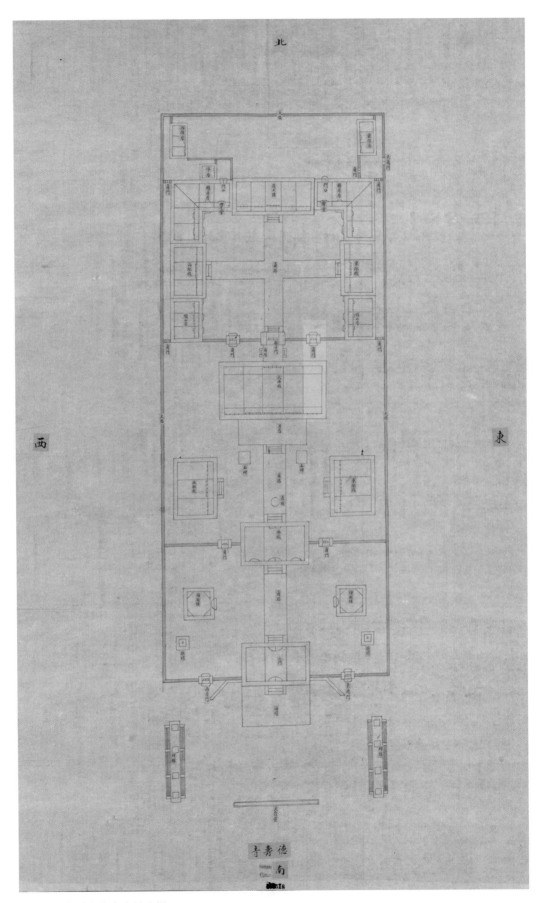

图15　南苑内德寿寺地盘样

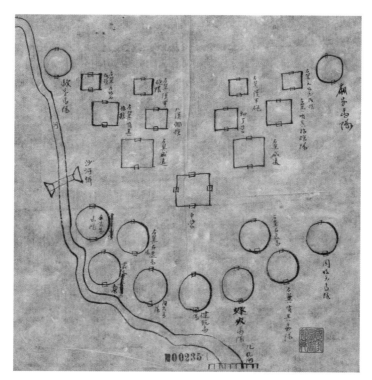

图16 南苑神机营地盘总图

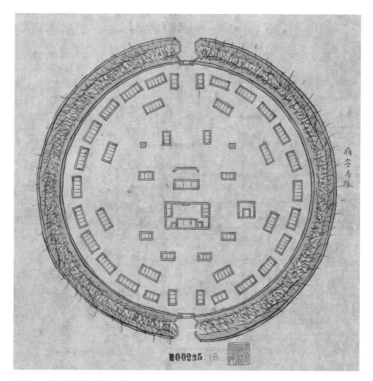

图17 南苑神机营厢字马队营房地盘样

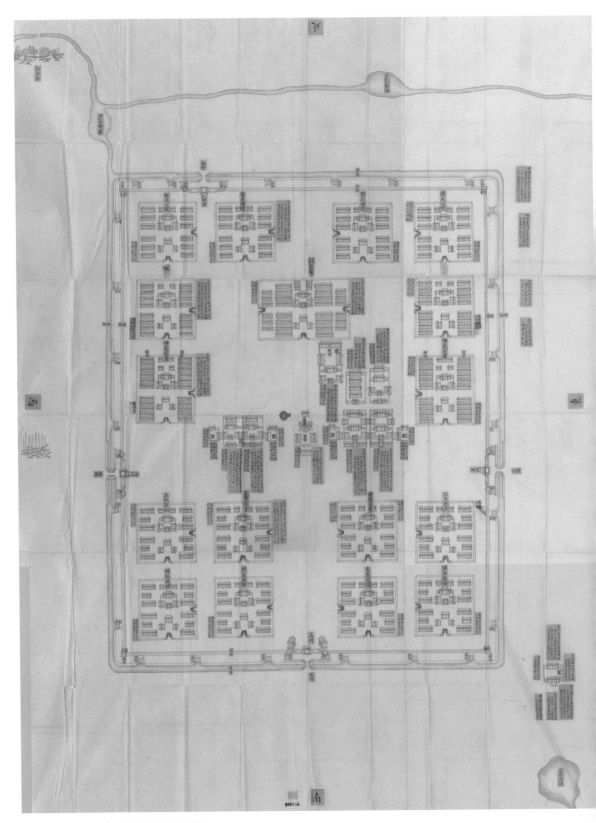

图18　南苑八旗营房地盘立样

（五）其他

南苑的建筑，除了行宫、寺庙、兵营外，还有官署衙门、官兵住房、苑户住房以及更衣殿、庑殿等殿宇。更衣殿位于北大红门旁，建于乾隆三年（1738），大殿3间，门2层，殿内原悬有御书"郊原在望"。清代帝王来南海子入北大红门，会先在更衣殿更衣。《南苑内更衣殿图样》（图19）详细绘制了更衣殿布局并用黄签标注名称。《南苑大红门内档房衙门更衣殿官房地盘样》（图20）则绘制了更衣殿、西侧衙门、北大红门等建筑的布局，也用黄签标注各建筑名称。这两幅图样绘制细致，是非常难得的南苑内建筑图样。

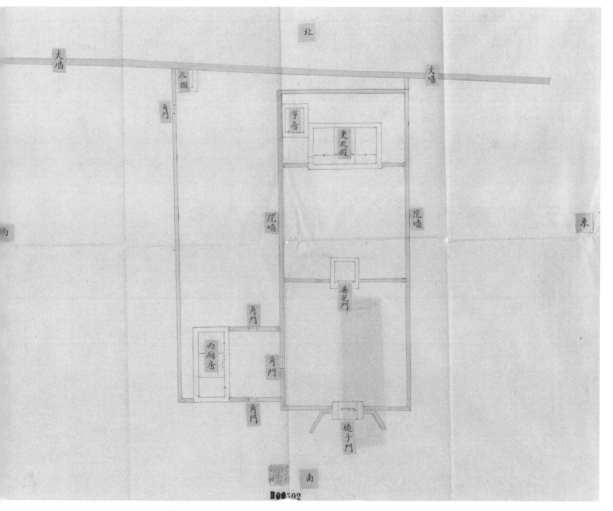

图19　南苑内更衣殿图样

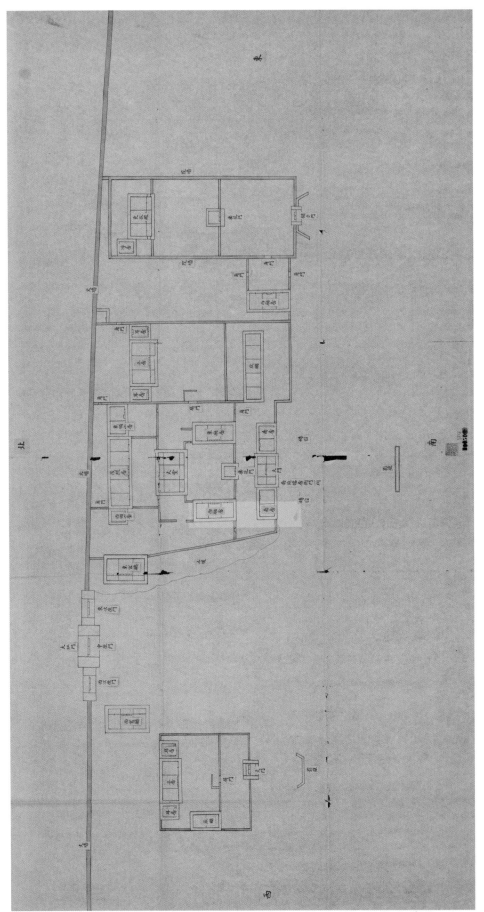

图20　南苑大红门门内档房衙门更衣殿官房地盘样

三、样式雷图档中的团河行宫

团河行宫位于南苑西南角，乾隆四十二年（1777）建成，是清王朝在南苑修建的四座行宫中最大的一处。因离京城较近，又规模宏大、精致秀美，被誉为"皇都第一行宫"。

从团河行宫修建之时起，雷家就开始参与团河行宫的图纸设计，后来团河行宫修缮改建，雷家也继续跟进，并留下了各种设计图、文本档。国家图书馆藏样式雷图档中，关于团河行宫的有60余件，包括总平面图、局部建筑设计图，各类平样、立样，河道地势图，内外檐装修图，略节清单，等等。这些样式雷图档对多维度展示团河行宫，以及团河行宫的修复工程提供了可靠的依据。

从地理位置看，在《南苑地盘全样糙底》（图1）和《南苑营盘图式》（图2）这两份图样中，团河行宫位于南苑西南角，西边不远为黄村门，沿御路往东为晾鹰台，往北是新衙门行宫，往南通南衙门行宫，与这两座行宫之间的距离大致相等。团河行宫大致呈正方形，四周有宫墙，宫墙外为土山。

从空间布局看，国家图书馆藏团河行宫样式雷档中，有多幅总平面图，有勘察糙底，有修改设计细样，图上基本都有说明及红黄签标注，用不同的颜色或是贴页来表示修改。总平面图展现了团河行宫的总平面布局、房间数量，以及添修记录。《南苑团河糙样底》（图21）为团河行宫勘察糙底，图中草绘行宫内各建筑轮廓，并用苏州码标识各建筑尺寸，虽然绘制粗糙，但内容全面。《南苑团河行宫殿座图样》（图4）则详细绘制了团河行宫内房屋建筑、湖泊河流、桥梁亭阁等等，图中用黄签标注各建筑名称，白签标注修改设计。

从建筑规制看，团河行宫仿江南园林建造，共有20多处景点，其中璇源堂、涵道斋、归云岫、珠源寺、镜虹亭、狎鸥舫、漪鉴轩、清怀堂为团河行宫八景，乾隆皇帝曾作御诗。《团河地盘画样》（图22）与《团河行宫地盘样底》（图23）两张样式雷图纸，前者绘制行宫东半部分，后者绘制行宫西半部分，两图合起来为整个团河行宫图。两幅图中均用墨线绘出东侧宫殿区及北侧各建筑平面，用苏州码标识建筑尺寸，用红色和白色表示修改方案，图中标有建筑物名称以及修改说明。虽然此图

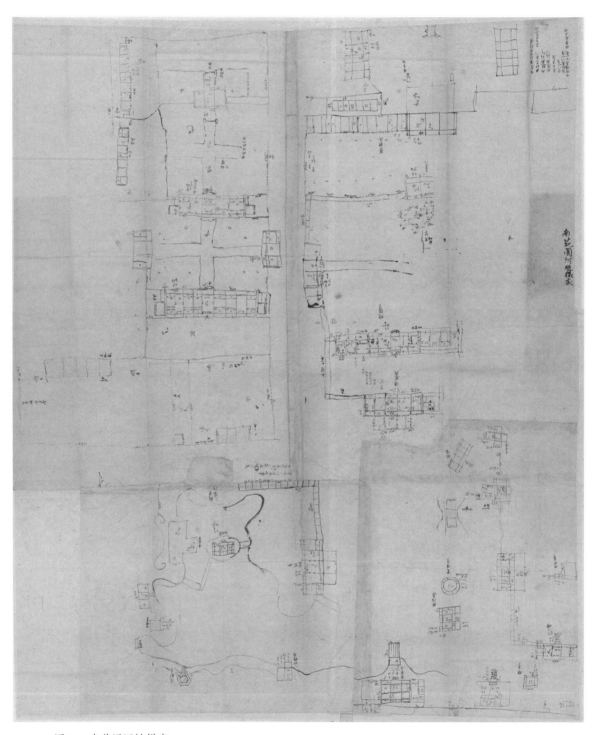

图21 南苑团河糙样底

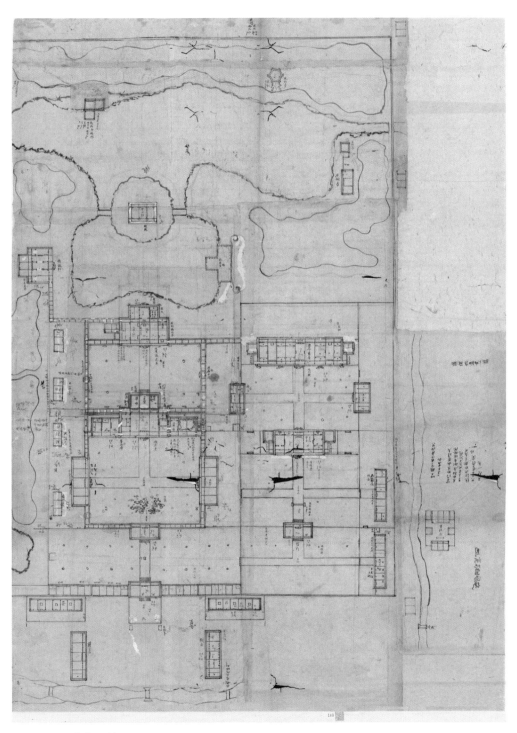

图22　团河地盘画样

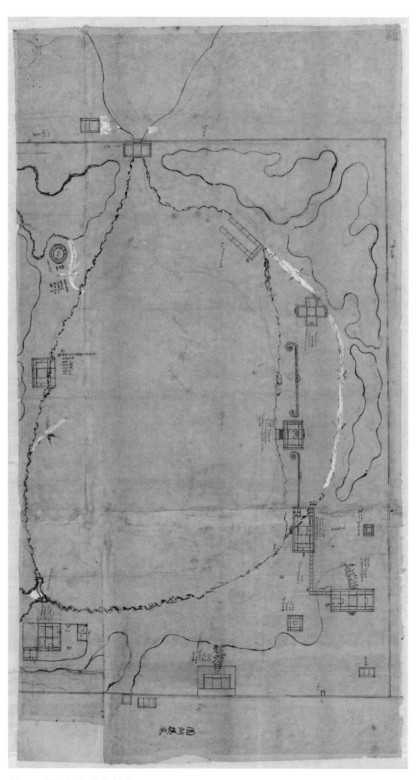

图23 团河行宫地盘样底

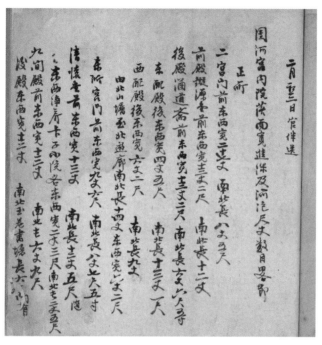

图24　团河宫内院落面宽进深及河泡尺丈数目略节

绘制较为粗糙，但各种标注非常详细，连"朝房""石狮子""海墁"都标注出来。
这两幅图与《南苑团河行宫殿座图样》（图4）一起，将团河行宫各处景点的建筑
样式及规制非常详细地描绘了出来。《团河宫内院落面宽进深及河泡尺丈数目略节》
（图24）则将团河行宫除建筑以外的院落、桥梁、湖泊的尺寸数目一一记录。将这些
图档进行对比，可以看出各图档中团河行宫的布局和主体建筑始终没有太大的变化，
仅有一些建筑在不同时期有不同的叫法。另外在团河行宫样式雷图档上，还可以看
到有少数添修的房屋拟做修改的设计方案。

　　从建筑装修看，团河行宫是南苑四座行宫中最豪华的一座，修建团河行宫花费
了大量银两，以至于乾隆皇帝每每来此，都"抚景不能不引以为愧"[1]。《南苑团河行
宫璇源堂寝宫套殿妙明圆觉内檐装修细样》（图25）、《南苑团河行宫清怀堂内檐装

---

①乾隆五十九年（1794）《团河行宫即事》，《乾隆御制诗》第九册卷八十八。

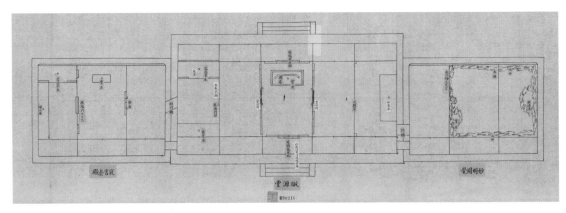

图25　南苑团河行宫璇源堂寝宫套殿妙明圆觉内檐装修细样

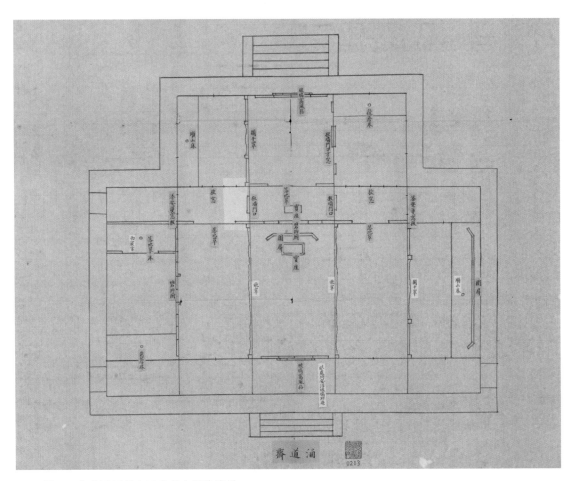

图26　南苑团河行宫涵道斋内部装修样

修样》（图10）、《南苑团河行宫涵道斋内部装修样》（图26）等样式雷图档表现了团河行宫各建筑的内部装修设计。除了装修设计图以外，《谨拟改清怀堂明间东西缝进深碧纱橱立样》（图27）、《南苑团河行宫璇源堂东次间几腿罩画样》（图11）、《南苑团河行宫内檐装修落地罩立样》（图28）、《南苑团河行宫内檐窝风格廉架立样》（图29）、《南苑团河行宫内檐装修落地罩床立样》（图30）等样式雷图档详细绘制了团河行宫内外檐装修构件的样式及图案。样式雷图档中装修构件上的图案有花卉水果、万福流云、子孙万代、灵仙祝寿、蝙蝠仙鹤、福缘善庆等等，常有许多美好的寓意。从团河行宫装修构件的图档看，各种罩、橱、栏杆的设计风格统一，图案多为花卉仙草，但繁复精美，令人叹为观止。

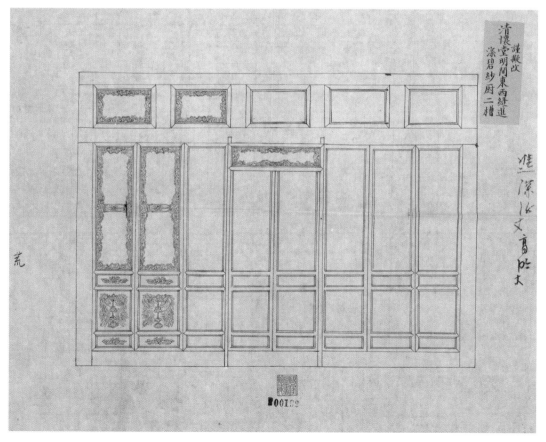

图27　谨拟改清怀堂明间东西缝进深碧纱橱立样

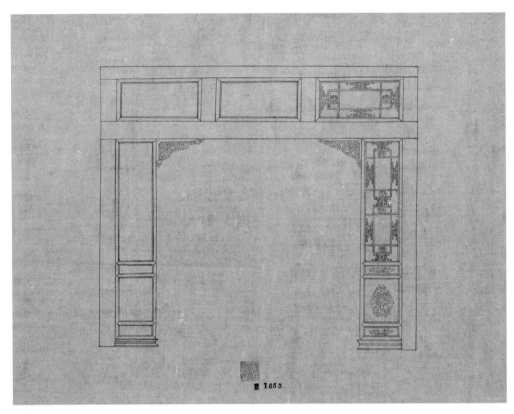

图28　南苑团河行宫内檐装修落地罩立样

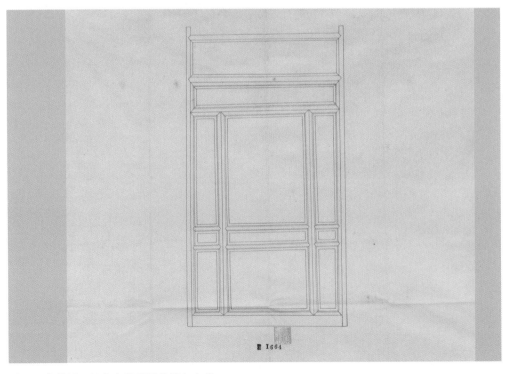

图29　南苑团河行宫内檐窝风格廉架立样

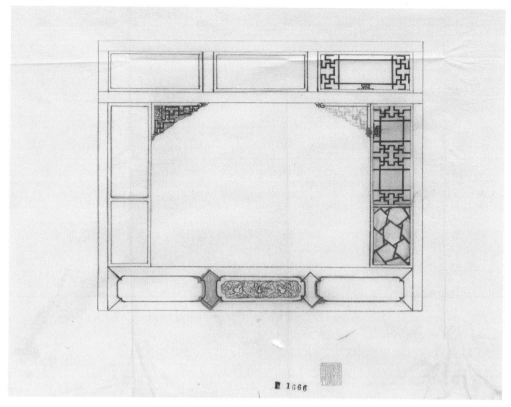

图30　南苑团河行宫内檐装修落地罩床立样

四、南苑样式雷图档价值

（一）是挖掘南苑历史底蕴的重要文献

南苑历史悠久，是辽、金、元、明、清五朝皇家猎场，元、明、清三代皇家苑囿，是帝王游幸、狩猎、阅兵、处理政务、接见使臣的重要场所，建有4座行宫、20多座寺庙，还有兵营等建筑。而关于南苑建筑设计的数据却非常稀少，至今保存完好的建筑也数量不多，南苑样式雷图档详细描绘了南苑内的布局及各建筑的具体设计，大到总体布局，小到装修图式，又辅以文字说明尺寸，内容极其详尽，为南苑园林、建筑、政治、生态等方面的研究提供了非常珍贵的资料。另外，与其他皇家园林不同的是，南苑承担着皇家狩猎、阅兵的功能。到清末，南苑逐渐成为京师军事重地，内设神机营，常进行操练、阅兵。南苑图档中约有40余幅兵营图，为研究清代兵制提供了不可多得的资料。

（二）为南苑的保护与文化传承提供了历史依据

鉴于南苑深厚的历史文化底蕴，北京近年来一直致力于南苑的生态修复与文化传承，成立了南海子文化研究院，建立了南海子公园，同时着力加强南苑内文物的修复。样式雷图档为南苑内行宫、寺庙等建筑的修复提供了非常详细精确的依据，也是南苑文化传承不可缺少的一部分。以团河行宫为例，这是南苑四座行宫中规模最大、最豪华的一座，宫内"亭台多点缀，山水尽清澄"，既有江南园林的精致典雅，又有皇家园林的大气宏伟。但从清末开始，团河行宫不断遭到破坏，先是八国联军捣毁建筑，洗劫珍宝，后是侵华日军大规模拆毁团河行宫，大多建筑被拆，树林被砍伐，另外又经过岁月变迁，团河行宫现在仅剩几处遗址。团河行宫样式雷图档则弥补了这种缺憾，完整地再现了团河行宫盛景，对于团河行宫的修复和清代皇家园林的研究也有着极高的价值。2012年，团河行宫修复项目正式立项，并以复原团河行宫全景、再现宫殿湖泊格局为目标。

（三）是研究样式雷图档的基础资料

入选《世界记忆名录》的样式雷图档是非常珍贵的建筑史料，体现了中国古代建筑的伟大成就，也承载了大量的清代社会、政治、经济、文化等信息，蕴含着中国古代建筑理念、建筑美学、建筑哲学等思想。南苑是清入关后建造的第一个大型皇家苑囿，从顺治皇帝到清末，南苑一直都有新建、改建、修缮，并且不同于其他的皇家园林，南苑还是皇家游猎、阅兵的场所，其布局及建筑也有着独特的设计。因此南苑图档对于样式雷图档的研究、保护，对于中国古代园林建筑设计、中国古代建筑师的设计理念和方法等方面的研究，都有着非常重要的价值。

西郊赐园

成二丽

一、西郊赐园及样式雷图档概况

北京西郊海淀镇一带土地丰美、泉水汇集，辽金以来即为游憩之地。进入清代后，从康熙帝开始，历代统治者结合水利建设，引水挖湖，建造离宫，在西郊修建了大批园林。康熙皇帝建造畅春园，雍正皇帝扩建圆明园，乾隆皇帝兴建清漪园，而且清帝常常长居园内，处理政事。为了配合清帝的园居理政，围绕皇家园林又发展起一大批宗室亲、郡王的赐园。这些小型园林和皇家园林一起，组成了独一无二的园林群。与王府一样，赐园一般是由皇家出资、按照一定的等级制度建造的，所有权属于皇家，其赏赐和收回都由皇帝决定。但和王府相比，对于清代的王公来说，赐园更像是一种额外的恩宠和福利，所有王爷都有府邸，但并不是都有赐园。

西郊赐园主要分布于畅春园、圆明园与清漪园之间的地块上，是为了给宗室亲、郡王们入园觐见提供便利。康熙二十六年（1687）畅春园建成后，皇帝时常驻跸园中。为方便王公大臣上朝，朝廷在畅春园左右近处，或修复明代遗园，或另寻新址建园，形成了西郊第一批园林建筑，包括佟氏园、自怡园、索戚畹园、萼辉园、熙春园等。此时赐园的规模均小于畅春园且相互保持距离，拱卫御园。之后的各代皇帝延续"园居理政"的传统，在北京西郊围绕圆明园修建了大大小小的园林，包括朗润园、蔚秀园、熙春园、近春园、承泽园、镜春园、鸣鹤园、自得园、淑春园、洪雅园、澄怀园等。这些园林，与西郊御园特别是圆明园、畅春园有着相似的空间尺度和艺术风格，大多以水景为主，通过调整水面的形状造成一种环水而居的气氛。当水面广阔时，园中主要建筑位于湖中岛屿，当水面较小时，则尽量让主要建筑被河道围绕在中央，往往再环以山石，造成"水绕山环"的格局。

与王府相比，赐园园主的变化更为频繁。根据封爵制度，赐园常被收回进行重新分配，而且规模也经常发生变化，一个赐园会被分成多个以分配给更多的亲王、郡王。因赐园主人经常变更，所以赐园翻新也比较频繁，流传下来的赐园图档也较多。国家图书馆藏清代西郊赐园样式雷图档250余件，几乎囊括了西郊所有的赐园，包括承泽园、澄怀园、春和园、含芳园、近春园、镜春园、朗润园、鸣鹤园、淑春园、熙春园、自得园，另外还有苏大人园、曹中堂园、娘娘庙园、蒋沟园寓。这些图档大多是更换赐园主人时进行的修改、修缮工程图档。

国家图书馆藏西郊赐园样式雷图档，从图纸内容来看，有总体平面地盘样、局部地盘样，有建筑立样，有装修地盘样，有装修图案，有文字说明等；从表现形式来看，有草图、糙底、正式图、贴页修改图等不同类型。其中春和园、朗润园图档大多反映了咸丰年间春和园改为朗润园的工程设计，还有部分是朗润园后期修缮时的图档，文字资料丰富，关于单体建筑和各处装修都有具体尺寸和内容介绍，如春和园的《春和园东所装修略节》（图1）。含芳园的图档主要反映了醇亲王入住前的修缮工程，其中一部分是对含芳园进行详细测绘的图纸，除了建筑部分，山形水

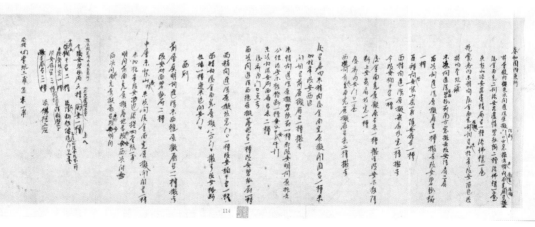

图1　春和园东所装修略节

系都经过了测量，非常详尽准确，如《咸丰五年五月廿九日查得含芳园三分全样》
（图2），还有部分修改设计图纸及较多的室内装修图纸。熙春园图档涉及时间较
长，反映了道光年间熙春园两次改建修缮的过程。承泽园图档主要是关于道光皇帝
第六女寿恩公主入住前后的修缮过程，包括园林布局变化和室内装修设计，另有几

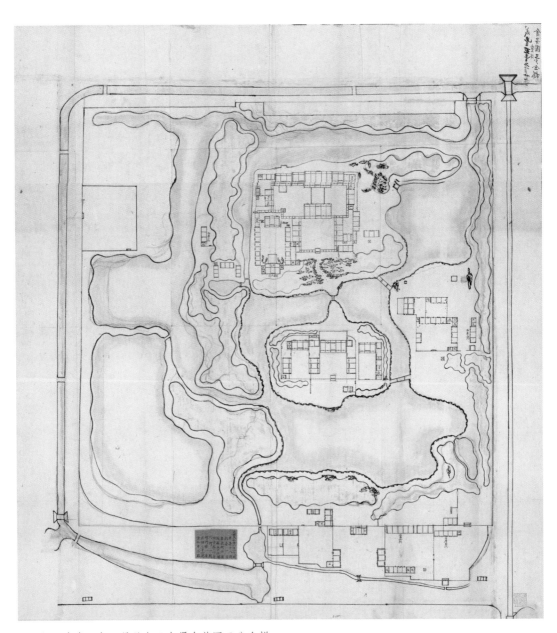

图2　咸丰五年五月廿九日查得含芳园三分全样

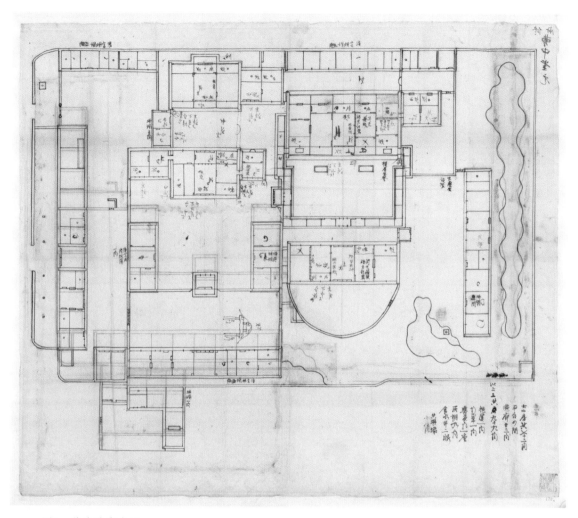

图3　佟府曹中堂园

幅英和、庆亲王时期的地盘图，从这些图纸可以看出承泽园各个时期的园林布局和内部建筑。自得园图档反映了光绪年间将自得园由御马圈改为养花园的过程，虽然自得园最终衰落，但这些图档一定程度地保留了自得园早期的布局、建筑等信息。

国图藏样式雷图档中还有几处大臣的赐园图档，其中一处是位于集贤院东侧的"佟府曹中堂园"，当为道光朝大学士曹振镛的御赐花园，《佟府曹中堂园》（图3）显示曹中堂园为前后两重院落，共有大小房72间。另一处是"苏大人园"，即道光初年工部尚书苏楞额的赐园，后赐给道光皇帝长子奕纬之嗣子载治，称"治贝勒园"。《海淀苏大人园全底样》（图4）是一幅苏大人园的平面糙底，粗略绘制了园内房屋、花园等景，园中无溪流，南部有人工叠山，共建大小房185间。还有"娘娘庙园"和"蒋沟园寓"，从图纸上的信息来看，娘娘庙园曾为蒋中堂、赛将军住处。

二、样式雷图档中的西郊赐园

（一）承泽园

承泽园位于挂甲屯南。挂甲屯有一南一北两座城关，南城关对着承泽园原东门。承泽园南为畅春园，东侧为蔚秀园，西侧是慈佑寺、圆明园八旗教场和阅武楼。承泽园的始建时间、首位园主及当时的园名，目前皆未见确切的史料。张宝章先生认为此园大约建于康熙四十六年（1707），与圆明园、蔚秀园同时建成，可能是康熙第八子允禩或第十子允䄉的花园[①]。雍正九年（1731），康熙二十一子允禧入住此园，因位于红桥旁，所以当时称作"红桥别墅"[②]。乾隆二十三年（1758）允禧去世后，乾隆皇帝命怡亲王弘晓从交辉园迁出，入住允禧生前居住的红桥别墅。弘晓去世后，此园先后被赐给大学士英和、长龄及英和长子奎照等人，并先后有依绿园、春颐园、承晖园等名称。道光二十五年（1845），此园被赐给道光帝第六女寿恩固伦公主，正式更名为承泽园。

国家图书馆藏承泽园图档40多种，包括地盘图、各建筑装修图、装修略节等，涉及依绿园、春颐园、承泽园、庆亲王园几个时期，呈现了承泽园各个时期的布局变化、园内建筑及内部装修。其中大部分是承泽园成为寿恩公主赐园时进行修缮的图档。

承泽园样式雷图档中有两幅《挂甲屯南城关内春颐园地盘全样》（图5），其中一幅图中正院大门处标注有"春颐园"（图5-2）。多位专家据此认为寿恩公主园名为"春颐园"，图中标注的各建筑名称也为公主入住时的名称，但是将此图与其他各幅

---

① 张宝章：《海淀文史·京西名园记盛》，开明出版社，2009年。
② 何瑜：《清代皇家赐园与北大校园》，《故宫博物院院刊》2021年第2期，44—59页。

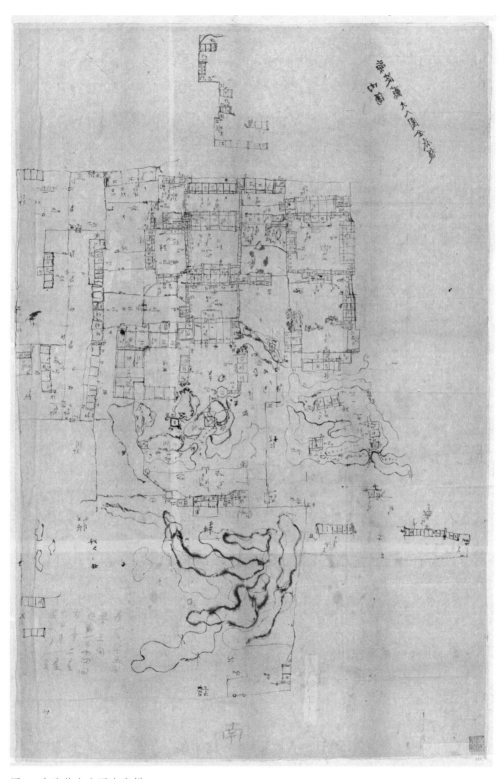

图4 海淀苏大人园全底样

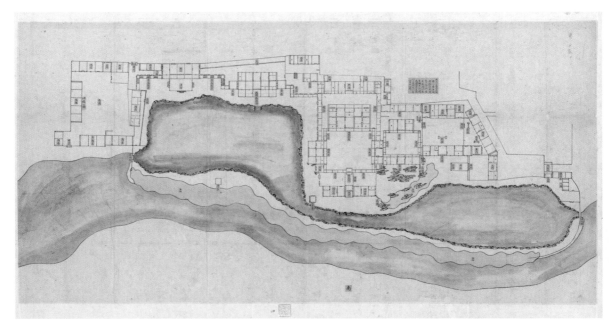

图5-1 挂甲屯南城关内春颐园地盘全样（其一）

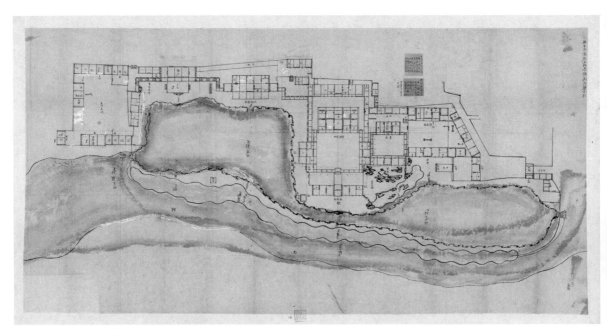

图5-2 挂甲屯南城关内春颐园地盘全样（其二）

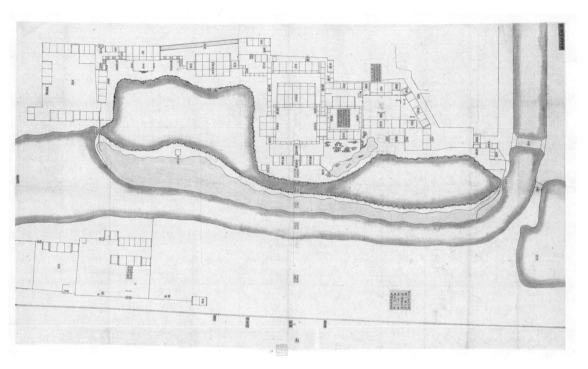

图6　原旧地盘画样

图样进行对比后，推测"春颐园"并不是公主园名，而应该是英和入住承晖园之前的园名。《原旧地盘画样》（图6）绘制于承泽园被赐给道光第六女寿恩公主后准备改建时，图中主要绘制的是英和在园中居住时的各处建筑，并贴签标注各建筑类别。与之前的图档相比，此图的绘制范围更广一些，园外河道南侧至畅春园北墙的区域都包括在内，并标注了河的宽度、土山的厚度以及河道至畅春园北墙的距离，隐含了向南扩园的意图。《新拟地盘画样》（图7）通过涂改、红线添绘、增加贴页等方式，表现了承泽园赏赐给寿恩公主时需要改建之处，主要的改动包括拓展园区、改建东小院以及增建宫门等。《承泽园地盘全样》（图8），此图虽名承泽园，但将此图与其他图档比较后，推测此图应为承泽园被赐给庆亲王奕劻后的修缮图样，与寿恩公主时的承泽园相比并无大的改动。国家图书馆藏承泽园样式雷图档中有30多件为装修图档，详细绘制了寿恩公主住房、驸马住房及其他房间的内外檐装修。

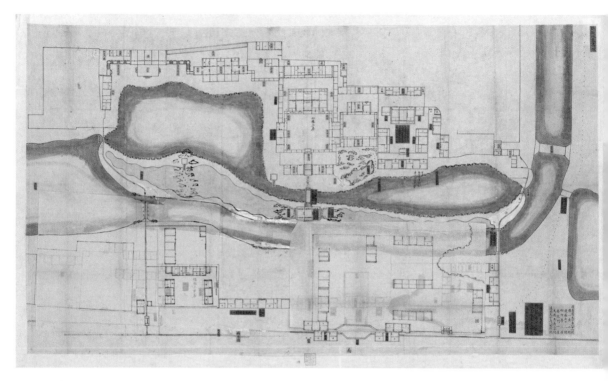

a

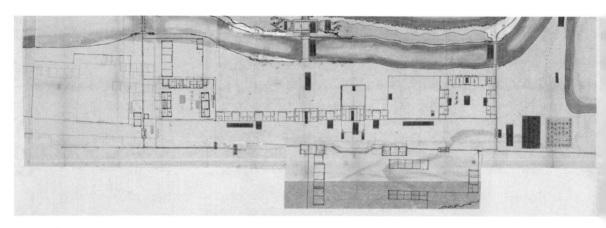

b

图7　新拟地盘画样（a.有贴页；b.翻开贴页）

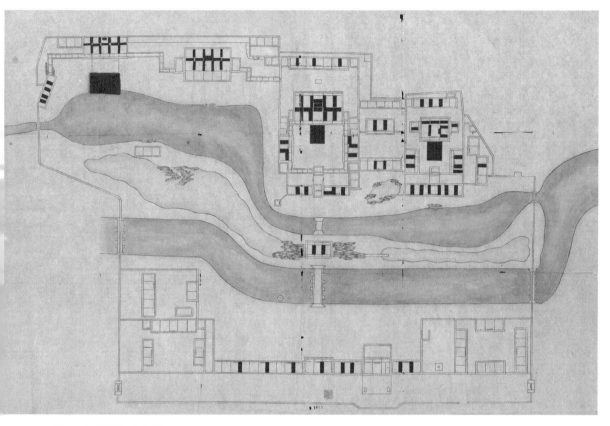

图8　承泽园地盘全样

　　从这些图档中可以看出，在春颐园、依绿园时期，此园呈长方形，东西长，南北短，南部以山水为屏障，北部为房屋建筑。园南侧为万泉河，园子挖土堆山，形成屏障，与万泉河隔开，园内则引万泉河水形成一大一小两个湖泊。房屋建筑依水从东向西铺展，西部主体为湖泊，东部有一处较小湖泊和三处院落，其中靠西侧的为正院，院东侧有两处小院，中间的两进院落为书房。园子大门开在东侧。承泽园在寿恩公主入住前进行了较大的改动。一是将万泉河圈进园内，并将园区向南扩展至近畅春园北墙，新建的宫门、二宫门及正院大门形成了新的园区轴线，使得园区的空间结构由原来的东西走向变成了南北走向。另外又将园区最东侧的一进院落扩建为标准的三进四合院作为驸马的住所，原来中间的二进院落进行了缩小简化，使得原来院落的大-中-小结构变成了现在的大-小-中结构。

（二）澄怀园

澄怀园最初为康熙年间大学士索额图的赐园，称为"索戚畹园"。雍正三年（1725），皇帝将索戚畹园赐给在南书房和上书房当值的张廷玉等9位翰林官员居住，又称"翰林花园"。《养吉斋丛录》记载："澄怀园在圆明园东南，康熙朝大学士索额图赐园，銮辂尝临幸焉，有圣祖御书'制节谨度'额。雍正三年，赐大学士张廷玉……九人居之。"雍正六年（1728），张廷玉为之取名为"澄怀园"。澄怀园位于圆明园大宫门东、福园门南，东侧是绮春园西墙，西侧是扇面河，南侧一路之隔是蔚秀园。

国家图书馆藏澄怀园样式雷图档共6种，主要为澄怀园平面图以及澄怀园内房屋数目统计。从《翰林花园地盘糙底》（图9）中可见，澄怀园南北长、东西窄，东、西、北建有围墙，南侧堆以土山为垣，东、西各有宫门3间，园内各处山环水绕，几处房屋缀于其中，水从园西南流入，在园内随意漫开，各处水道大小不一、宽窄各异。图中各个岛上分布着多所住宅，各住宅处标注有主人姓氏，题注"共十所一百五十七间"。据此推断，此图为乾隆年间"给帑修葺"后，赐予上书房各位翰林居住时的情形。图中各处住所题有"陈""万""彭""赵"，应该指的是陈德发、万承风、彭元瑞、赵翼等。另有《澄怀园房间数目略节》（图10）统计："以上住房十所共计大小房一百二十五间，楼一座计六间，抱厦四间，游廊五间，灰棚二十六间，西门一座三间，门楼九座。"

澄怀园与别的赐园不同在于各建筑群不分主次，零散建在湖心岛上，四周以土山环绕。从雍正至咸丰年间，澄怀园一直被作为两书房直庐使用，园内居住过几十位翰林官员。澄怀园样式雷图样及文字档案中记载了居于此处的翰林们，如上文提到的陈、万、彭、赵几位大人。此外，《澄怀园房间数目略节》（图10）中还记载了居于此园的齐、程、黄、许、汪等大臣们，记录了其住处及房间数目等。根据史料推断，文档中所指应是齐召南、程恩泽、黄钺、许乃普和汪廷珍。另有两幅《翰林花园平样糙底》（图11）草绘了这几位大人的住所，并用苏州码标注尺寸。从图中可以看出，汪廷珍住近光楼，齐召南和龚文焕住东门二所，黄钺和程恩泽住中部二所，许乃普住西南所，黄钺所居即为著名的食笋斋，后为祁寯藻、孙衣言等居住。

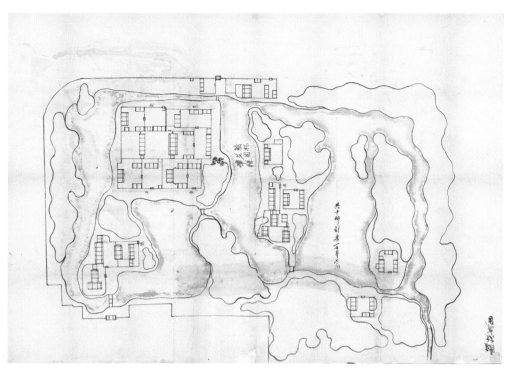

图9 翰林花园地盘糙底

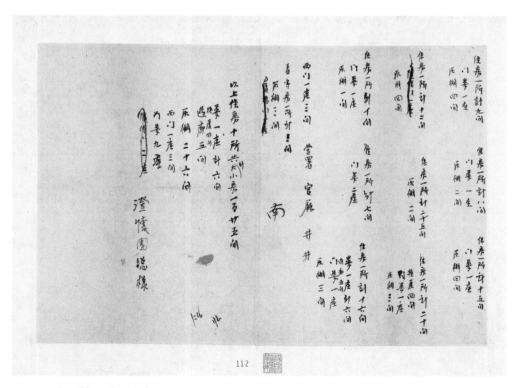

图10 澄怀园房间数目略节

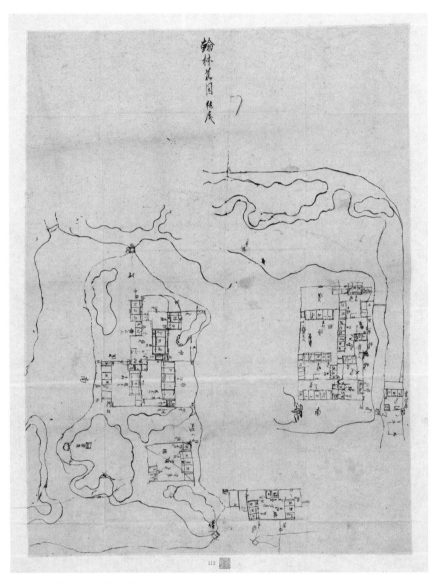

图11 翰林花园平样糙底（其一）

（三）春和园（朗润园）

春和园最早为乾隆皇帝御赐给太保大学士忠勇公富察·傅恒的园林，是绮春园的前身。和硕和嘉公主去世后，傅恒和额驸福隆安交回第一座春和园，随即搬入新的赐园。新园沿用旧赐园名，仍称春和园。这座新园与旧园仅一河之隔，范围大致相当于现在北京大学的朗润园、镜春园和鸣鹤园。嘉庆年间，春和园被转赐给庆郡王永璘，也称庆郡王园。咸丰元年（1851），此园被赐给恭亲王奕䜣，同年，内务府样式房对春和园进行整修改造。咸丰二年，整个园林改造完成。咸丰皇帝御赐园名"朗润园"，并御笔题诗一首："名园朗润近圆明，赐额心同弟与兄。孝弟立身先务本，慰予厚望勖公平。"

国家图书馆藏春和园时期样式雷图档30多件，为春和园改建为朗润园之前，庆郡王居住时期的实地测绘地盘图样、室内装修图样、实测勘测略节、装修改建略节等。几幅地盘图样清楚地反映了春和园的山水格局和建筑结构，整个园林平面近似长方形，主体建筑在山水环抱之中，分为东、中、西三路。具有特定服务功能的建筑分布在山水之外，靠近园墙。《春和园地盘画样》（图12）将实地勘测的建筑形制、

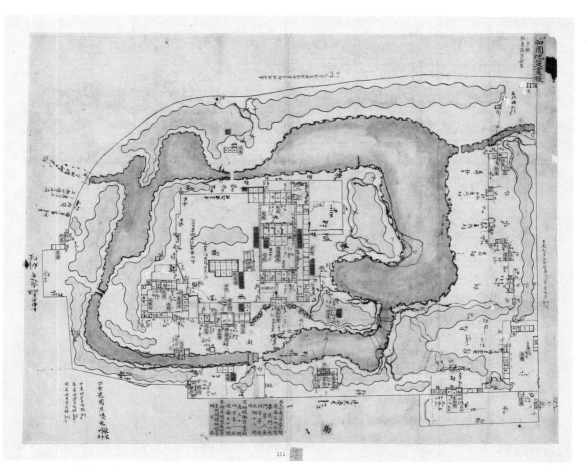

图12　春和园地盘画样

尺寸、现存情况、房屋数量等全部标绘在图样中，并辅以双色贴签标注建筑名称和坍塌位置。经过此次勘测，图上贴签简要总结了春和园改建前的状况，"共大小房一百五十三间，游廊五十七间，垂花门一座，门罩二座，四方亭一座，灰棚十二间。内有坍塌无存房十二间，房三十一间，四方亭一座，游廊五十四间。其余房间游廊俱有歪闪、头停坍塌，檐头不齐"。将地盘图样与勘测略节对照，春和园的建筑规格一目了然。

国家图书馆藏朗润园时期样式雷图档6件，记录了春和园整修改造为朗润园后的平面布局和装修设计方案。朗润园在园林格局上基本沿用了庆郡王的春和园，园内景观基本不变，但对中心主体建筑进行了规模较大的改扩建。从《朗润园殿宇房间内外檐地盘装修画样》（图13）中可以看出，园林主体建筑依旧分为东、中、西三路。东路基本沿用春和园格局，东路以东在春和园时期为空地，改建朗润园后在此处新建两进院落。中路是变化最大的一处，春和园时期的中所仅有大门及抱厦房一组五间，改建后的朗润园中所共分为三进院落。西所在春和园时期是一处独立的四合院建筑，改建后成为三进院落。样式雷图档《朗润园略节》（图14）记载："春和园改朗润园，拟留用原存大小房一百十间，游廊四十六间，四方亭一座，灰棚十四间，门罩二座。现拟添盖共大小房一百四间，那盖房二十三间，添盖游廊三十一间，添修三孔石平桥一座。以上新旧大小房，共二百三十七间，游廊七十七间，外续添盖房十四间，灰棚二十间。"可见，改建后的朗润园房屋数目几乎是春和园的两倍。

朗润园改建工程除了修复原春和园内建筑、添盖新建筑之外，对园内建筑的装修陈设也进行了大规模的改造。局部装修样式雷图档中展示了朗润园中心岛西所和东所室内装修陈设改建的诸多细节，图中陈设格局用黑色线条表示，改扩建陈设工程用红色线条表示。

（四）鸣鹤园

鸣鹤园、镜春园、朗润园三园，原是傅恒及其子的第二座春和园。嘉庆四年（1799），傅恒四子福长安被夺爵、抄家，其赐园也被没收。福长安园的西段为鸣鹤园。道光十九年（1839），嘉庆帝第五子绵愉晋封惠亲王，获赐鸣鹤园。

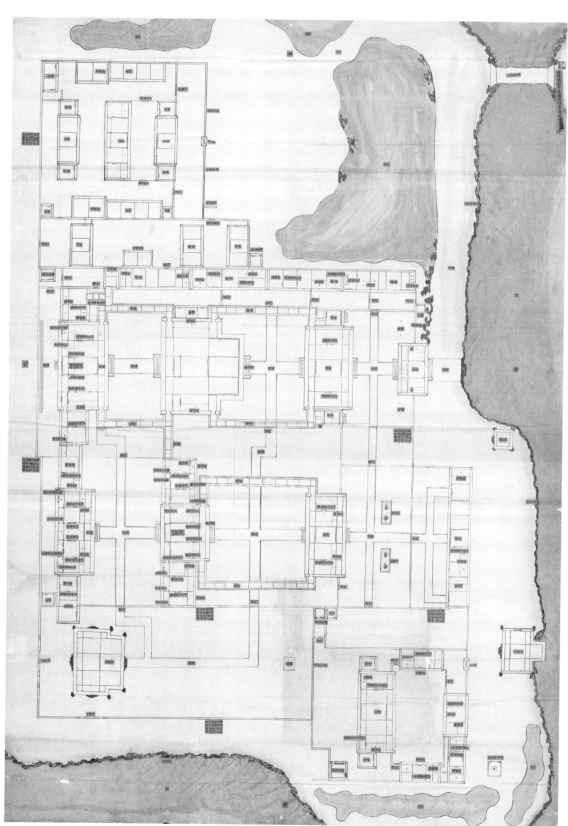

图13 朗润园殿宇房间内外檐地盘装修画样

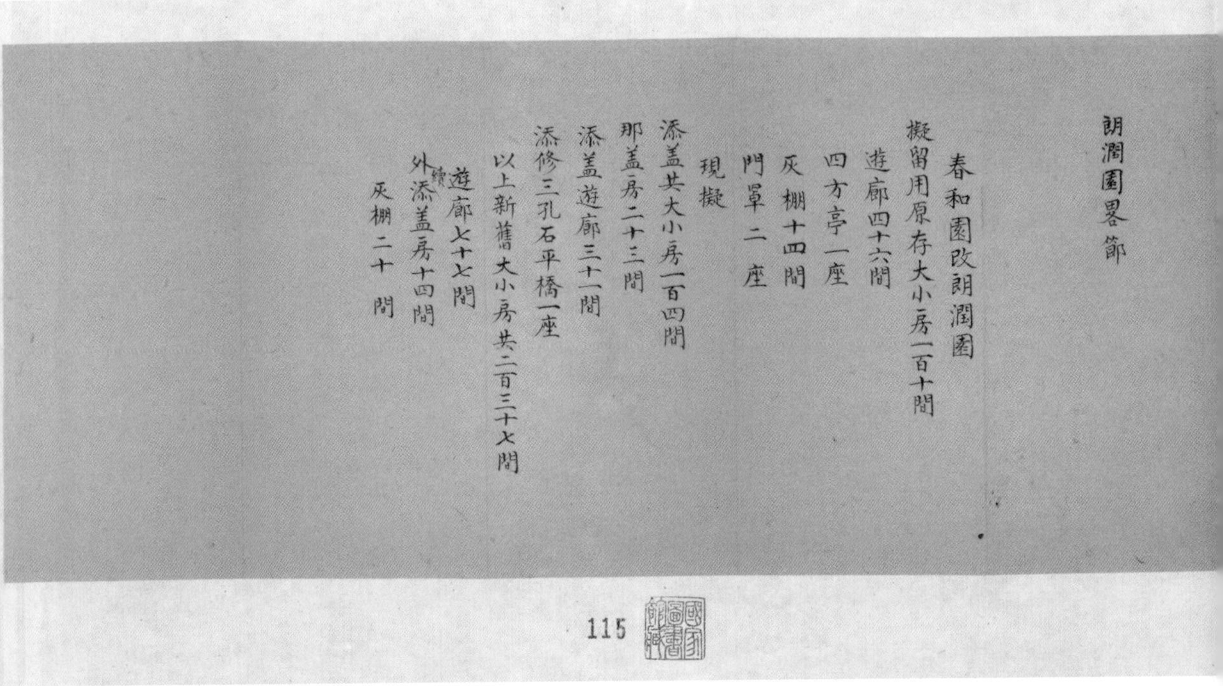

朗润园署节

春和园改朗润园
拟留用原存大小房一百十间
游廊四十六间
四方亭一座
灰棚十四间
门罩二座
现拟
添盖共大小房一百四间
那盖房二十三间
添盖游廊三十一间
添修三孔石平桥一座
以上新旧大小房共二百三十七间
镝游廊七十七间
外添盖房十四间
灰棚二十间

115

图14　朗润园略节

　　国图藏鸣鹤园相关样式雷图档10余种，其中图样有8种，基本为糙底，包括中、东、西所图及马圈图等。其中一件《鸣鹤园房间数目略节》（图15）标注有日期"十八年正月廿七日"，推断应为道光十八年（1838）正月，即绵愉晋封惠亲王的前一年。图档所反映的对鸣鹤园的踏勘绘图工作，应是为绵愉晋封赐园作准备。

　　国图藏鸣鹤园样式雷图档虽多为糙底，但是从图中可以看出鸣鹤园平面呈狭长形，大门开在园东南隅，园内有东湖、中湖、西湖三个较大的水面，园区分东所、中所、西所三个建筑群落。东所主要是起居、会客之地，其中澄碧堂是最重要的部分，院内有戏台一座，这里是园主宴请宾客的地方。西所四面溪湖环绕，东、西两侧各有一个大湖，东南角有四方重檐"翼然亭"建在假山上，乾隆皇帝曾经在此处游赏，并且以亭名赋诗一首，南侧院落中间是一个巨大的方形金鱼池，鱼池北侧是院落的主体建筑"延流真赏"，其余还有"悟心室""清华榭'和"碧韵轩"三处建筑。《鸣鹤园房间数目略节》(图15)中记载鸣鹤园共有房屋游廊近四百间，可见鸣鹤园规模之大。

(五)镜春园

福长安园的中段为镜春园。道光八年(1828)，镜春园赐予嘉庆帝第五子惠郡王绵愉。道光二十一年(1841)，镜春园成为道光帝第四女寿安固伦公主的赐园，又称"四公主园"。

国家图书馆藏镜春园样式雷图档15幅，包括镜春园地盘画样、镜春园马圈地盘以及房屋数目略节等，均为道光二十一年重新修建时期的图档。

镜春园占地面积较小，平面呈近方形，园内建筑被环形水面分割成主体建筑区、东南园门厨房区和北部建筑区三个区域。《镜春园地盘糙底》(图16)绘制了

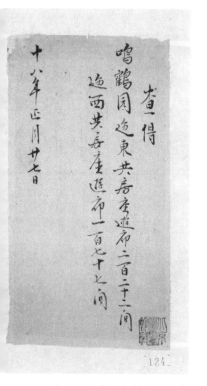

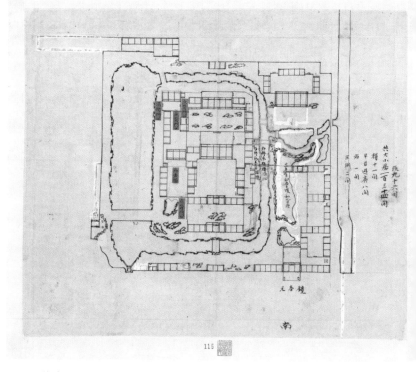

图15　鸣鹤园房间数目略节　　图16　镜春园地盘糙底

镜春园改扩建之前的园林平面格局，图样东侧水面桥梁改建说明处可见"廿一年四月初五改"的字样。《镜春园地盘画样》（图17）是经过实地勘察后绘制的镜春园地盘准底。《城府北头路北四公主住镜春园地盘样》（图18）同样画出了镜春园改建工程的建筑格局，与《镜春园地盘画样》相比，这幅图样主要展示的是室内

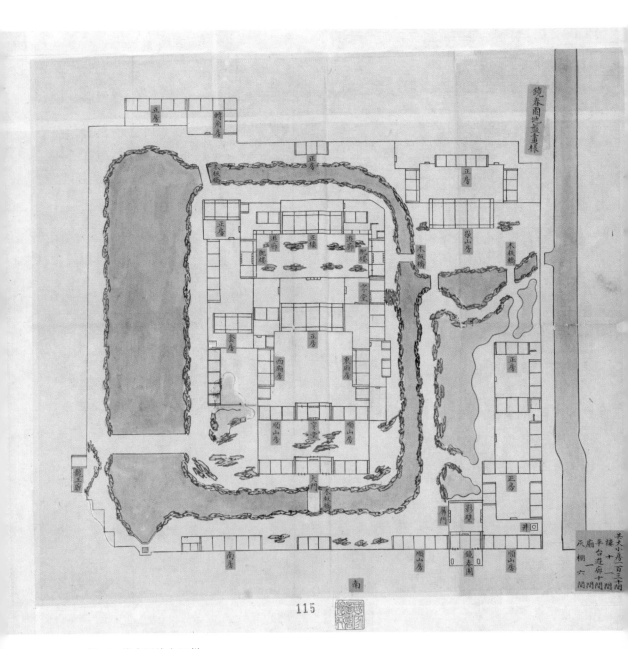

图17　镜春园地盘画样

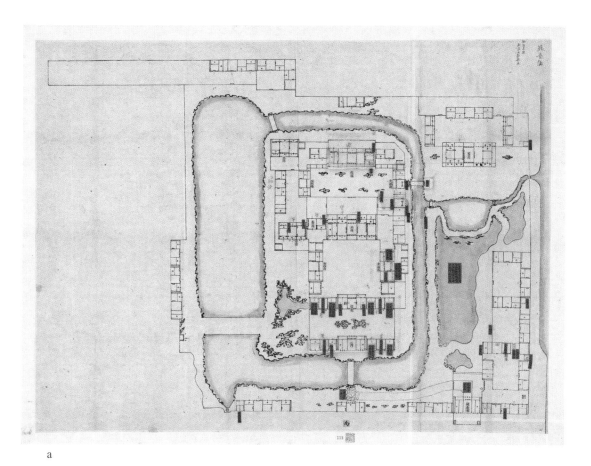

a

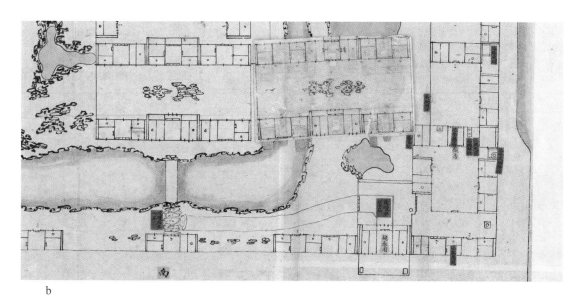

b

图18　城府北头路北四公主住镜春园地盘样（a.有贴页；b.翻开贴页）

装修陈设的改造。从图样来看，建筑的整体格局并没有太大变化，但主体建筑的室内陈设几乎都进行了重新设计和装修。原来的建筑结构以黑线画出，改建部分以红线标出。另外，改建的陈设在相应的位置贴红签标注。园内装修统计为："以上各座大小房间俱添安纱屉、暖屉、随帘架、风门二十五槽，单风门三十一扇。"另有多幅局部建筑修缮图样。通过实地勘测统计，改扩建四公主赐园之前，《查得镜春园房间数目略节》记载"查得镜春园共旧大小房七十一间，楼十一间，平台游廊八间，庙一间，新房六十六间"，而《镜春园地盘画样》（图17）上的统计数据是"共大小房一百三十间，楼十一间，平台游廊十间，庙一间，灰棚六间"。可见经历改扩建后，园中建筑数量几乎翻倍。

（六）含芳园

含芳园南临畅春园，北接圆明园，西侧为承泽园，前身为康熙皇帝十四子允禵的"彩霞园"，后为雍正五子弘昼的赐园，时称"和王园"。道光十六年（1836），乾隆长子定亲王永璜之曾孙载铨承袭定郡王，入住该园，更名为"含芳园"，俗称"定王园"。咸丰四年（1854），载铨去世后，赐园收回。咸丰八年（1858），皇帝将该园赐予醇亲王奕譞，同时赐名"蔚秀园"。

国家图书馆藏含芳园相关样式雷图档10余种，包括地盘全图、前所平样、后所平样、房间统计略节等，不仅记录了该园的山水分布、建筑格局，也统计了园区建筑的损毁情况等。不过这些图档中出现的园名基本是"含芳园"，仅有一幅题名为"咸丰五年五月廿九日查得含芳园三分全样"的图纸，图背另有题名"蔚秀园全图"。由此推测，这批图档的绘制时间可能在含芳园收归内务府之后至赐予奕譞改名蔚秀园初期，也就是咸丰五年（1855）至咸丰八年之间，内容重在记录含芳园的修缮工程。从这些图档可以看出，此次含芳园的修缮工程并没有在布局上进行大的改动，只是对损毁的房屋进行修缮，并重新进行了室内装修。

含芳园样式雷图档中有多幅图样绘制了修缮前的布局及尺寸，另有文字档案记载了园内房屋数量。《含芳园地盘画样全图》（图19）详细绘制了含芳园的平面布局，并用黄签标注各建筑名称。从地盘全样上可以看到，含芳园在畅春园以北，与畅春

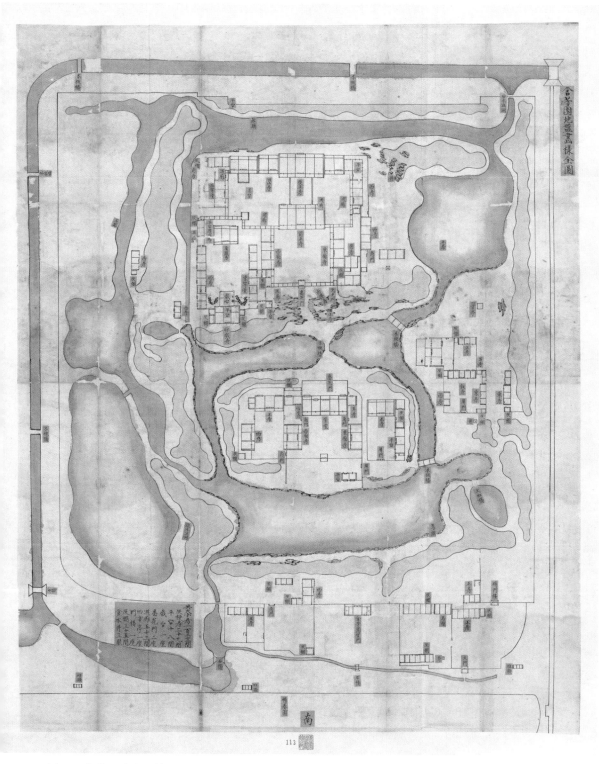

图19　含芳园地盘画样全图

园仅一水之隔。除东面紧邻石路之外，其余三面均被水道环绕。园内土山和水面几乎环绕园墙一周，整个园林建筑被山水分割成四个相对独立的区域。含芳园主体生活区分为前所、后所两个区域。经样式房工匠实地勘测得知，重新修缮之前的含芳园"共大小房一百二十二间，灰梗房二十九间，平台十八间，戏台一座，垂花门二座，游廊五十三间，四方亭一座，门楼一座，灰棚三十五间，食水井三眼"。另一幅《含芳园地盘画样全图》还用红签标注了含芳园各处房屋现状及修缮方案。从图中可见，含芳园大多房屋要么渗漏，要么塌陷，要么瓦片脱落，几乎全都需要修缮。

另有多幅装修图样详细绘制了含芳园各处房屋的室内装修方案。《含芳园后所地盘准底》（图20）用红线绘制出需要添改的装修样式，并写字说明，如"道和堂落地

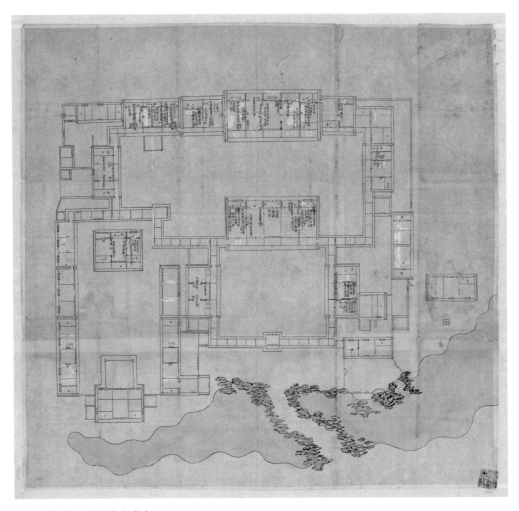

图20　含芳园后所地盘准底

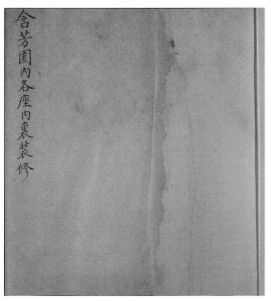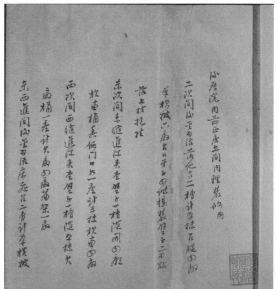

图21　含芳园内各座内里装修清册

罩十二槽改横披三堂""用依绿轩落地罩上的横皮安装牙子"。《含芳园内各座内里装修清册》（图21）详细记载了各房屋内所用的装修构件清单。

（七）熙春园（涵德园）

熙春园始建于康熙年间，为康熙第三子允祉的赐园。康熙五十五年（1716），熙春园西部扩建为古今图书集成馆。乾隆年间，乾隆皇帝又将熙春园进行扩建，并在北部设立了农田实验区。扩建后的熙春园并入圆明园作为皇家御园，成为圆明五园之一。道光二年（1822），熙春园被一分为二，西部更名为"春泽园"，赐予瑞亲王绵忻居住，东部赐予惇亲王绵恺居住，名为"涵德园"。道光十八年（1838），绵恺去世，涵德园收归内务府。道光二十六年（1846），道光皇帝将皇五子奕誴过继给绵恺，袭郡王，奕誴成为涵德园新的主人。与乾隆时期相比，绵恺并没有在涵德园内新建任何建筑，奕誴成为新主人时，涵德园才进行了一定范围的修整。大约在咸丰二年（1852），咸丰皇帝给奕誴赐园赐名"清华园"，此名沿用至今。

国家图书馆藏熙春园样式雷图档30多件，其中有两件绘制了熙春园鼎盛时期的外围墙（图22），可见熙春园包括涵德园、春泽园及北部农田实验区。其余图档虽

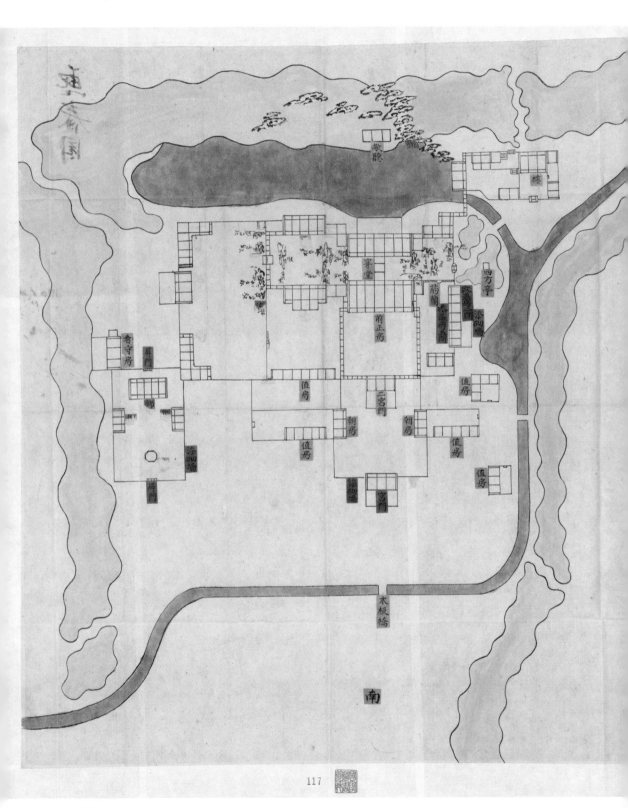

图22 熙春园地盘画样

有熙春园之名，但实际为涵德园地盘布局及房屋装修图档。根据图档上标注的时间，可知这批样式雷图档反映的是熙春园三个时期的布局、修缮及装修方案。一是道光二年（1822），熙春园被一分为二时，熙春园东独立成为涵德园，因此需要新建宫门，另外还在西侧修建了书房，在东侧修建了值房。二是道光十八年，涵德园被内务府收回时，内务府清查后绘制的图档及清单。有两幅略节记载了收回时房屋数量清单，"查得涵德（熙春）园内现存大小房屋一百八十三间……"（图23），图中原写有涵德园，后被划掉改成了熙春园。三是道光二十六年（1846）涵德园被赐予奕誴之前，此次修缮园内没有进行大的改动，只是对西路房屋进行小的修改，并对工字厅及书房内部装修进行了添改，其中工字厅的内檐装修是此次修缮的重点。这些修改方案大多是在道光十八年绘制的图档上通过贴页或者红线标注的形式来表示。

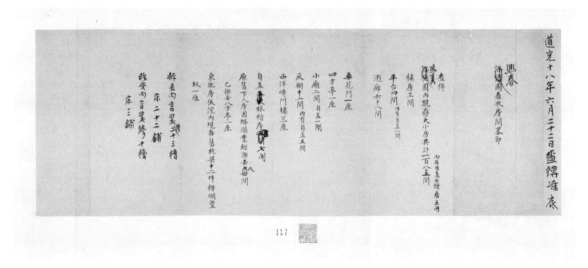

图23　熙春园查收房间略节

（八）近春园

如前所述，近春园原为康熙第三子允祉的熙春园的一部分。道光二年熙春园被一分为二，西部赐予道光皇帝四弟瑞亲王绵忻，称"春泽园"，咸丰年间改名为"近春园"。道光八年，绵忻病卒于园中，其独子奕誌尚在襁褓中，于是春泽园一度收归内务府。道光十五年（1835），奕誌重又被赐予春泽园。道光三十年（1850）

五月，奕誌卒。直到咸丰十年（1860），奕誴次子载漪被过继给奕誌为嗣，袭贝勒，成为此园的新主人，"春泽园"更名为"近春园"。

    国图收藏有30多幅近春园相关样式雷图档，记录了道光、咸丰年间针对这一区域的新建、添建工程。道光、咸丰年间，近春园园区布局没有进行大的改动，仅仅对局部房屋进行了修缮、添建，主要是对前所、后所进行室内装修。从《近春园地盘样》（图24）中可见近春园被湖水环绕，湖中南、北两个岛将园区分为了前所和后

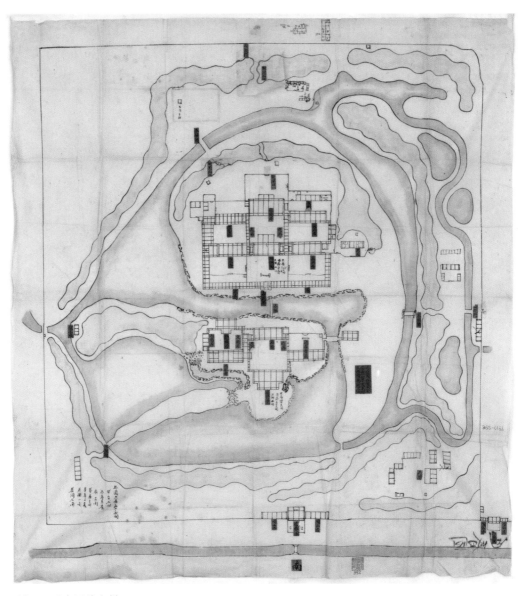

图24　近春园地盘样

所，前所建有环碧堂、涵春书屋，后所建有嘉熏斋、临漪榭等。《近春园前所内檐装修画样》（图25）和《近春园后所内檐装修画样》（图26），分别描绘了道咸之际对

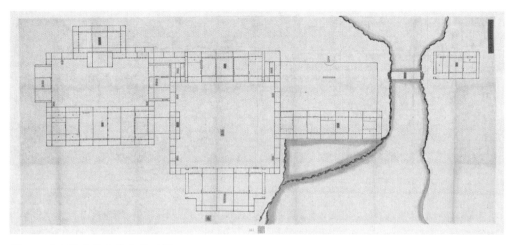

图25　近春园前所内檐装修画样

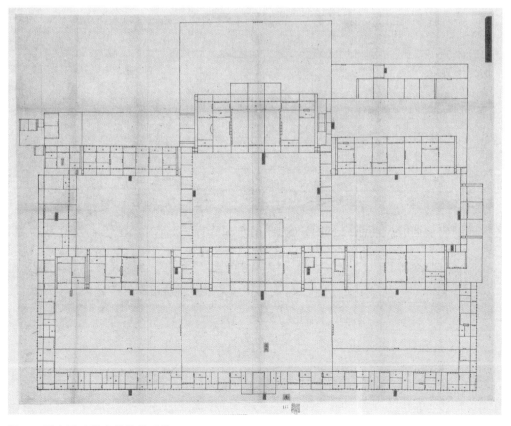

图26　近春园后所内檐装修画样

近春园前所、后所内檐进行整修的情况。

（九）淑春园

据何瑜《清代皇家赐园与北大校园》一文，淑春园在鸣鹤园以南，勺园以北，康熙年间原是皇四子胤禛的赐园，后皇十二子允祹入住。大约乾隆四十五年（1780），乾隆帝将此园赐予十公主及驸马丰绅殷德，并赐额"淑春"。嘉庆十九年（1814），十公主上奏请求收回淑春园。道光末年，淑春园被赐给睿亲王仁寿，因此又称"睿王园"。"睿"字满语为"墨尔根"，所以睿王园还称"墨尔根园"。

国家图书馆藏淑春园样式雷图档7件，包括淑春园地盘平样和房屋数目略节、房屋装修清册。样式雷图样所绘淑春园体量较小（图27），仅包括园中主体建筑至南门一带，主体建筑为两进四合院，最南端是三间穿堂，两侧各有顺山房五间。穿堂北侧设有游廊，东南角还有角门一座。进入穿堂后是开阔的院子，院中搭设假山。正殿为5间两卷房，东有5间配楼，西侧无配楼，设有出入院落的屏门。正殿之后为后照楼，两侧另有耳房，图上红签标注"共大小房五十间，游廊十八间，四方亭一座，楼一座五间"。《淑春园房间数目略节》（图28）中记载"淑春园内中一路正所原旧有房间数目共大小房五十间，楼一座五间"。由此推测，国图藏淑春园相关样式雷图档应当记录了淑春园分为东西两园之后东园内的情况。再根据淑春园历史沿革推测，这些图档很可能是道光年间淑春园被赐给睿亲王仁寿前后，样式房工匠实地勘测后绘制的资料。《淑春园房间数目清册》（图29）中非常细致地记录了淑春园内时有房间数目和内外檐装修情况等，"大门一座三间，明间前檐大门一合，二次间后金支摘窗二槽……"。

（十）自得园

自得园位于圆明园以西，颐和园以北。雍正三年（1725），皇帝正式驻跸圆明园，并传下圣谕："朕在圆明园与宫中无异，凡应办之事照常办理。"同年，雍正皇帝将圆明园以西的"山环水汇"之地赐予十七弟果郡王允礼，并御赐园名"自得园"。乾隆三年（1738），允礼去世后，自得园由雍正皇帝第六子弘瞻继承。嘉庆四

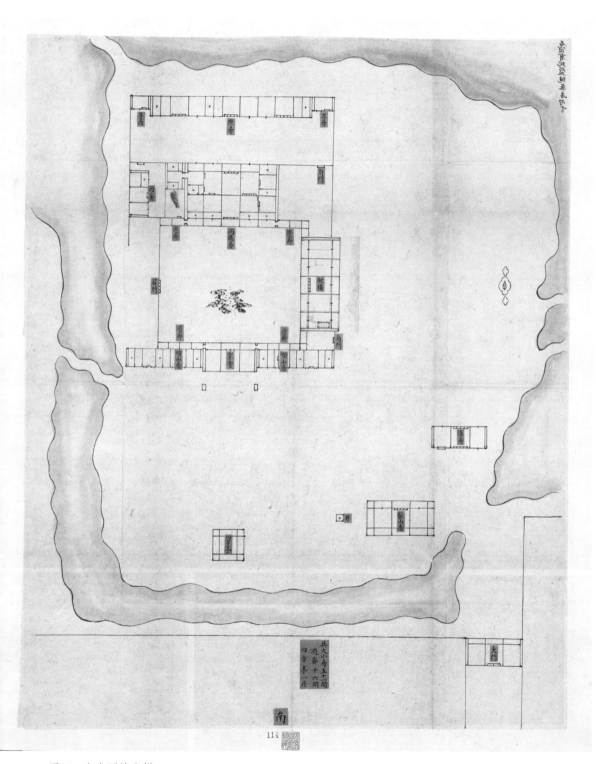

图27　淑春园地盘样

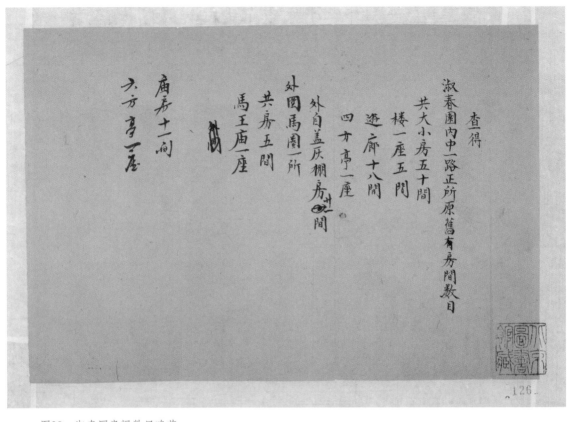

图28 淑春园房间数目略节

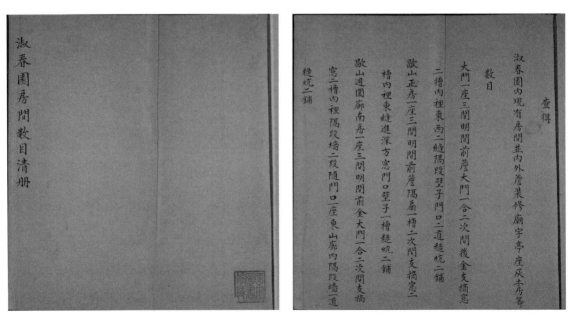

图29 淑春园房间数目清册

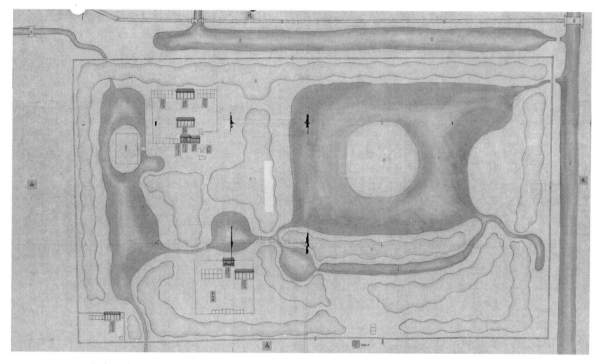

图30　自在园内现存房间图样

年（1799），自得园被赏赐给定亲王绵恩、贝勒绵懿、贝子奕纶分住[1]。道光年间样
式雷图档《圆明园来水河道全图》中将自得园标注为"御马圈"和"御马厂"。光
绪年间重建颐和园，自得园旧址则被建为养花园和升平署。

　　国家图书馆藏自得园样式雷图档约10件，主要是自得园作为御马圈和养花园
时期的平面布局图。《自在园内现存房间图样》（图30）显示，自得园东西长、南
北窄，园内山水环绕，仅西部南北有两处房屋，南部留存为御马棚及马王殿，北
部留存为御马棚及料草房。另有几幅御马圈前所、后所图，可以详细看出御马圈
最初的建筑结构。《颐和园外自得园地盘样》（图31）中可见，自得园西北部原御

①贾珺：《北京私家园林研究补遗》，《中国建筑史论汇刊》2012年第1期，308—351页。

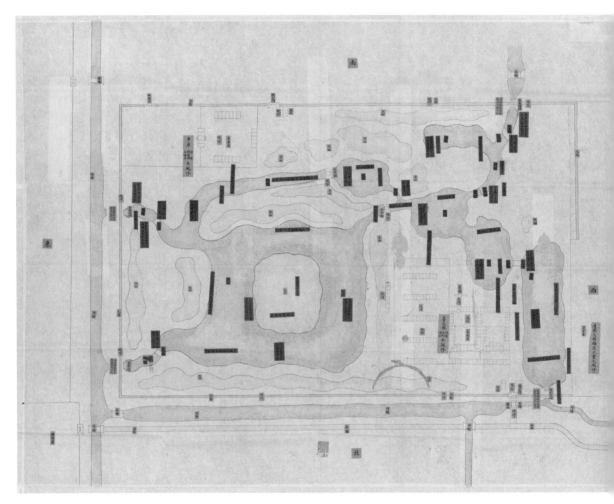

图31 颐和园外自得园地盘样

马圈房屋被改建成养花园，改建成养花园的建筑可分为东、中、西三路，中路正中有贴签"养花园"。园内另一组建筑位于园林的东南角，贴签标注"车库"。此图用黄签贴注各建筑名称，红签贴注园内水系等各处的详细尺寸，粉签贴注新修建筑及修理厂名称，如养花园由恒顺、天利、德和木厂修建，周围大墙桥座由元丰木厂修建。